아이의 뇌를 깨우는
# 존댓말의 힘

아이의 뇌를 깨우는
존댓말의 힘
임영주 지음
예담 friend

# |차례|

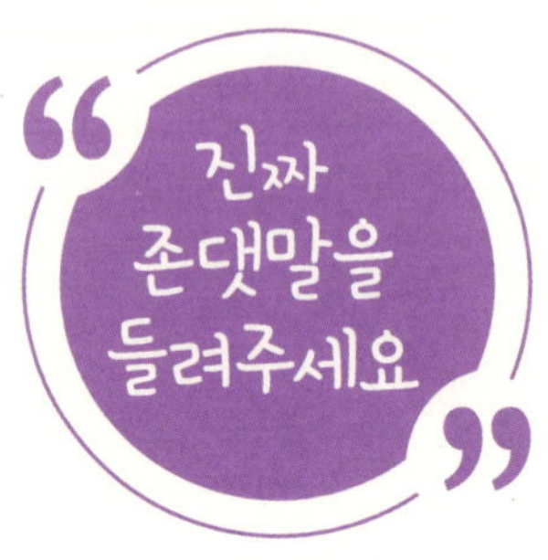


그동안 여러 권의 책을 내놓았지만 이번처럼 쓰다가 멈추기를 반복한 적이 없었습니다. 지금까지 제게 글쓰기란 마음에 담아둔 글감을 흥에 겨워 춤을 추듯 원고지에 신 나게 옮겨내는 일이었는데, 이번 원고만큼은 도무지 진도가 나가지 않았습니다. 마음속에는 존댓말에 대해서 할 말이 많고도 많은데……. 왜 그랬을까요?

존댓말을 주제로 글을 쓴다는 게 어쩌면 진부하게 느껴졌는지도 모르겠습니다. 하루에도 수십 개씩 신조어가 쏟아지는 시대, 자칫 '고리타분'한 존댓말 이야기로 세대 차이를 더 벌리는 것은 아닌지 우려가 없지 않았습니다. 실용이 숭배되는 이 시대에 '형식'을 논하는 존댓말 이야기가 과연 통할까 싶은 고민도 있었지요.

그러던 중 다시 원고에 속도를 붙이게 된 계기는 샌프란시스코 여행이었습니다. 낯선 언어를 쓰는 이방인을 존중하고 배려하며 소통하려고 애쓰는 이들을 만나 진정한 존댓말이란 무엇인지 스스로 새롭게 정의를 내렸기 때문입니다. 영어에는 높임말이 따로 없지만 말투와 어조, 뉘앙스와 표정에서 존중의 언어가 분명히 따로 있음을 새삼 느끼게 됐지요.

존댓말은 존중이 담긴 말입니다. 진심 어린 존중이 담긴 말입니다. 깍듯한 존대의 형식을 완벽히 갖췄더라도 그 안에 존중이 없다면 그것은 가짜 존댓말에 불과합니다. 외양은 반말이라도 존중이 녹아 있다면 그것이 진짜 존댓말입니다. 아이의 말에 진심으로 귀를 기울이는 것, 아이를 보며 마음에서 우러나오는 함박웃음을 지어주는 것, 그것이 바로 진짜 존댓말입니다.

부모는 언젠가 소중한 자녀를 품에서 떠나보내게 됩니다. 내 아이가 세상으로 뚜벅뚜벅 걸어 나갈 때 평생 힘이 되어줄 든든한 자산을 마련해줄 수 있다면 얼마나 좋을까요? 예로부터 유대인 부모는 그 자산을 '지혜'라고 여겼습니다. 그래서 질문과 대화가 끊이지 않는 밥상머리 교육과 잠자리 독서 습관을 통해 자녀에게 지식과 인성의 균형을 잡아주려고 애를 썼지요. 또한 아이가 어릴 때부터 모국어인 히브리 어를 가르쳐 조상의 문화와 얼, 고난과 역경을 이겨낸 강인한 정신을 심어주었습니다. 이것이 바로 전 세계적으로 주목 받는 '유대인 교육법'입니다.

우리 역시 유대인 못지않게 높은 교육열을 자랑하는 민족입니다. 생각해보면 우리도 전통적으로 지식과 인성, 예의를 골고루 가르치는 전인 교육에 힘써왔습니다. 저는 유대인처럼 우리도 우리만의 방식으로 우리 아이들에게 급변하는 이 시대를 현명하게 살아나갈 지혜를 전해줄 수 있다고 확신합니다. 그리고 그 정수를 존댓말에서 찾고 싶습니다. 존댓말의 요체인 존중하는 마음, 상대를 배려하는 역지사지의 정신, 자신과 타인을 이해하는 능력이야말로 현재는 물론 미래의 세계가 원하는 글로벌 리더가 갖춰야 할 덕목이니까요. 존댓말은 언어 능력, 존중, 배려, 예의, 도덕심, 인성을 자연스럽게 자라게 합니다. 존댓말 교육은 가정에서 가장 쉽게 실천할 수 있는, 그리고 반드시 해야 할 인성 리더십 교육입니다.

지금 우리 아이가 하는 말이 아이의 현재이며 미래입니다. 자신을 행복하게 하는 말, 남을 존중하며 행복하게 하는 말, 남을 세움으로써 자신도 더 높이 세울 수 있는 존댓말의 힘이 우리 아이들을 21세기 리더로 우뚝 세워줄 것입니다.

아이의 말은 부모의 말에 달려 있습니다. 존중과 사랑, 믿음과 온기, 격려와 응원이 담긴 말이 아이의 영혼을 건강하게 하고 성장하게 합니다. 모쪼록 이 책을 읽는 부모님들이 아이와 진짜 존댓말을 나눌 수 있게 된다면 더 바랄 것이 없겠습니다.

샌프란시스코, 유니언 스퀘어에서

임영주

'말 한마디에 천 냥 빚을 갚는다'라는 속담이 있지요. 여기서 '말'은 유창한 말솜씨를 뜻하지 않습니다. 타인의 마음을 움직여 감동케 하는 소통 능력입니다. 동서고금을 막론하고 소통 능력은 곧 성공 밑천입니다. 그런 의미에서 존댓말 교육은 인성 교육의 출발점이자 사회화의 첫걸음입니다. 존댓말은 훗날 아이가 사회인이 되어 누구와도 조화로운 관계를 맺을 수 있는 '정신적 종잣돈'이 되어줄 것입니다.

# 1장

# 존댓말은 힘이 세다

# 말이 변하면 아이도 달라진다

**아이의 말, 괜찮은가요?**

"야, 넌 빠져."

"닥치고 꺼져."

"XX, 빡친다 빡쳐."

"X나 짱나."

"야, 너만 사라지면 좋겠거든."

독하고 독합니다. 찌르고 할퀴고 짓밟습니다. 요즘 놀이터, 요즘 운동장, 요즘 PC방에서 넘쳐나는 말들입니다. 소위 일진이라 일컫는 문제아들의 이야기가 아닙니다. 우리네 보통 아이들의 일상입니다. 중고생은 말할 것도 없거니와 초등 저학년생도 독기 충천한 욕설을 아무렇지 않게 내뱉습니다. 말은 '양날의 검'입니다. 사람을 살리기도 죽이기도 하지요. 그런데 요즘 우리 아이들의 말결은 거칠기만 합니다. '상처 주기 배틀'이라도 벌이듯 아이들은 서로 질세라 더 가학적이고 폭력적인 말을 만들어냅니다. '바르고 고운 말'은 '찌질한 것'으로 치부한 채 말입니다. 여기서 끝이 아닙니다. 독한 말은 어김없이 독한 행동으로 이어집니다. 한 공간에 있는 아이를 대놓고 유령 취급하며 따돌림으로, 그보다 더한 폭력으로 상처를 주기도 합니다. 최근 몇 년간 이로 인해 빚어진 비극이 심각한 사회 문제로 대두됐지요.

다음은 푸른나무 청예단(청소년폭력예방재단)이 2012년 발표한 전국학교폭력실태조사 결과입니다. 학교 폭력을 겪는 연령이 점점 낮아지고 있음을 여실히 보여주지요. 과반이 훌쩍 넘는 수의 아이들이 불과 초등학교 때 처음으로 학교 폭력을 경험합니다. 실로 안타까운 일이 아닐 수 없지요.

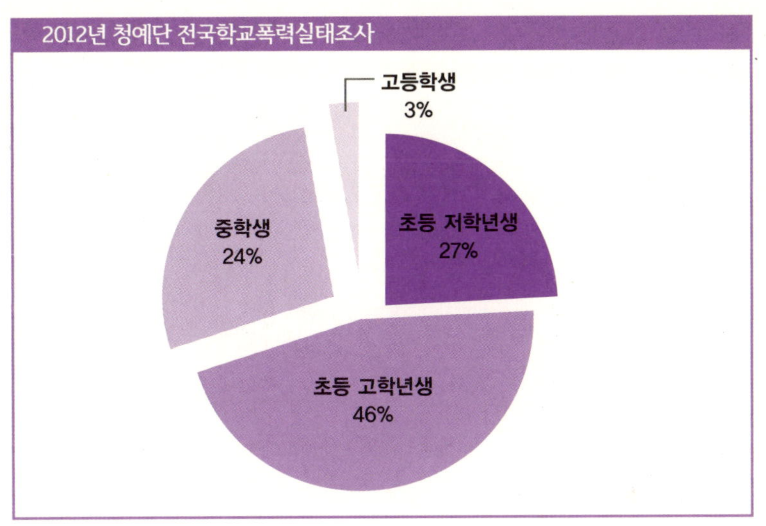


2010년 1,470건

2011년 13,680건

2012년 17,097건

　기하급수적으로 늘어난 이 수치는 학교폭력자치위원회 심의 건수입니다. 2010년에서 2011년, 불과 1년 사이에 10배 가까이 늘었습니다. 가히 절망적인 증가폭이라 할까요.

　2013년 경찰청 학교폭력실태조사에 따르면 여러 가지 학교 폭력 중에서도 언어폭력이 가장 높은 비중(42~50%)을 차지합니다. SNS(Social Network Service)를 이용한 욕설(14~20%)까지 합치면 큰 범

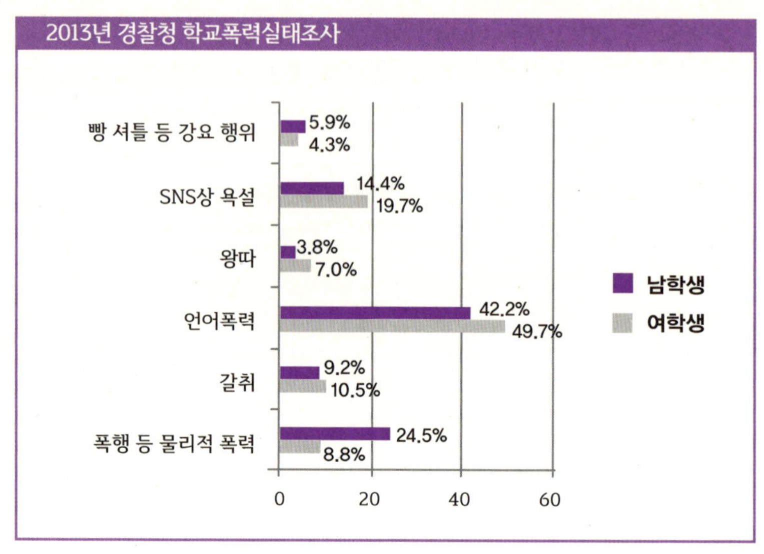


주에서 언어폭력이 전체 폭력의 70%를 차지하는 셈입니다.

말로 친구를 때리고, 말로 친구를 걸어차고, 말로 친구를 내동댕이치는 아이들. 말로 맞고, 말로 걸어차이고, 말로 내동댕이쳐진 아이들 중 일부는 스스로 세상을 등지기도 합니다.

## 재동초등학교의 실험

서울시 종로구에 위치한 재동초등학교는 2000년대 후반 혁신적인 변화에 나섰습니다. 전교생이 반말 대신 존댓말을 사용하도록 한 겁니다. 수업 시간은 물론 식사 시간, 청소 시간, 일상생활에서도 저학년 고학년 할 것 없이 서로를 존칭으로 부르고 높임말을 사용했습니다. 선생님들도 아이들을 칭찬하거나 꾸중할 때 높임말을 썼습니다. 결과는 놀라웠습니다. 교내에서 욕설이 서서히 사라지고 바른 말 고운 말이 저절로 정착되기 시작했습니다. 싸움이나 왕따도 눈에 띄게 줄었지요.

이 같은 변화는 재동초등학교에만 국한되지 않았습니다. 전국 10여 곳의 초등학교에서도 아이들끼리 존댓말을 사용함으로써 비슷한 효과를 거두었습니다. 이 학교들의 반응은 한결같습니다. 아이들 사이에 말다툼이 거의 사라지고, 간혹 다툼이 생긴다 하더라도 금세 흐지부지 끝나서 화해에 이른다는 겁니다. 욕을 하는 아이도 점차 줄어들고 아이들의 감정 조절 능력이 높아지는가 하면, 아이들은 아이들대로 친구들과 선생님에게 존중 받는 느낌에 학교생활의 즐거움을 찾아가고 있다는 게 이 학교들의 전언입니다. 언어는 이처럼 사회적 상호 작용을 좌우합니다.

얼마 전 한 방송사에서 재미있는 실험 결과를 소개했습니다. 배경은 서울 시내의 한 커피숍. 제작진은 국군 장병에게 보내는 희망 영상을 제작한다며 손님들에게 감사 메시지를 남겨달라고 요청했습니다. 그리고 직원에게는 일부러 손님의 주문과 다른 음료를 제공하도록 했지요. 이때 손님들의 반응을 살폈습니다. 결과는 어땠을까요? 감사 메시지를 남긴 집단이 직원의 실수에 훨씬 '관대한' 반응을 보였습니다. 타인을 더 많이 배려하는 경향이 두드러진 것이지요.

비슷한 사례가 또 있습니다. 한 커피 전문점에서 손님이 직원의 이름을 부르며 존댓말로 주문할 경우 음료 값을 깎아주는 이벤트를 벌여 화제가 된 적이 있지요. 그랬더니 행사에 참여한 손님들의 종업원을 대하는 태도가 확연하게 달라졌다고 합니다. '따뜻한 말 한마디'가 관계를 부드럽게 만들고 갈등을 줄이는 막강한 힘이 있음을 보여주는 것이지요. 한마디가 그럴진대 존중의 언어가 습관이 된다면 그 결과는 더욱 놀랍지 않을까요?

존댓말의 힘도 이와 같습니다. 구체적으로는 존댓말에 담긴 존중의 마음이 그 힘의 근간입니다. 상대방을 존중하면 막말이 나오려 해도 나올 수 없습니다. 존댓말이라는 거름망을 통하면 말을 할 때 자연스레 한 번 더 생각하는 과정이 들어갑니다. 더불어 말과 행동도 신중해집니다. 반대로 나쁜 말을 하는 사람과 듣는 사람의 마음속에는 모두 분노 어린 정서가 형성됩니다. 부정적인 정서와 감정은 공격적이면서 파괴적인 행동으로 이어지지요. 그러나 존중을 하면 배려가 따라옵니다. 상대방을 존중하면 배려하는 마음이 절

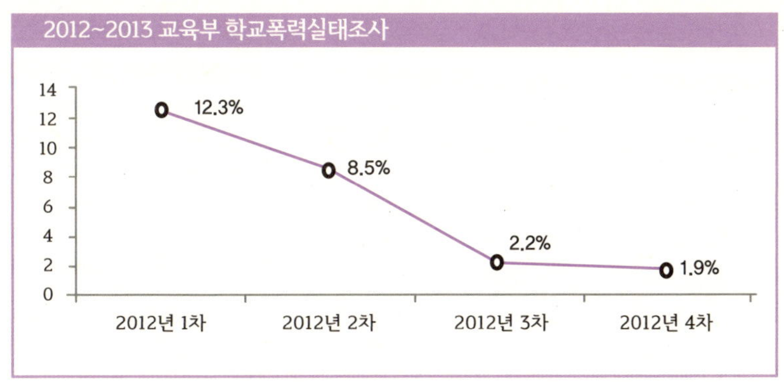



로 싹트니까요. 존댓말이야말로 언어폭력, 나아가 학교 폭력을 예방하는 최고의 처방전입니다.

2012~2013년 교육부의 학교폭력실태조사에 따르면 2012년 1차 조사에서 12.3%로 나타났던 학교 폭력 경험이 이듬해엔 2.2%로 크게 줄었습니다. 각 학교에서 폭력 예방 및 인성 교육 시간을 늘린 것과 정확히 반비례한 결과였습니다.

사람의 행동을 관장하는 것은 '인식'입니다. 인식이 바뀌면 당연히 감정과 사고방식, 행동도 달라집니다. 최근 학교 현장에서는 '욕설 없는 학교 만들기'와 같은 언어문화 개선 캠페인이 확산되고 있습니다. 학교 폭력을 예방하는 차원에서 실로 바람직한 일이라 하겠습니다. 하지만 존댓말 교육, 더 나아가 인성 교육의 출발점은 가정이 되어야 합니다. 로마가 하루아침에 이루어지지 않았듯 인성 교육도 몇 시간, 며칠, 몇 주의 교육만으로는 결코 완성될 수 없습니다. 가랑비에 옷이 젖듯 아이들의 생각과 마음에 서서히 스며들도록 해야 합니다. 매일 꾸준히 오랜 시간에 걸쳐 젖어들게 해야 합니다. 말은 생각을 담아내는 그릇이라 했던가요. 존댓말이 살아나면 말로 주고받는 상처가 크게 줄어들 수 있습니다. 존댓말 교육이야말로 우리 아이들의 그릇을 멋지게 빚게 하고, 우리 사회를 존중과 배려가 넘치는 곳으로 만드는 출발점입니다.


## 존댓말, 닫힌 마음을 열다


서울대입구역 2번 출구, 오피스텔이 늘어선 길 뒤엔 스무 평 남짓한 작은 '꿈 보급소'가 있다. 겨울에는 골방 특유의 추위 때문에 난로 없이는 살 수 없다며 너털웃음을 짓는 청년들이 모여 있다. 그들이 나누는 꿈은 방황하고 낙오된 청소년들에게 비전을 심어주는 멘토링 봉사다. 이제는 전국적으로 1,600명에 달하는 대학생들이 참여하고 미국과 동남아에 멘토링 노하우를 전수하는 대형 프로젝트가 됐다.
　　- '욕하고 침 뱉던 아이들 존댓말 써주면 달라져요', 「매일경제신문」


한 신문 기사가 눈을 사로잡았습니다. 한 부모 가정, 조손 가정,

다문화 가정 등 자칫 소외되기 쉬운 환경의 아이들에게 멘토링 봉사를 하는 뜻있는 청년들의 미담이었지요. 오랜만에 접한 훈훈한 기사에서 특히 인상적이었던 대목은 게임 중독 및 학교 폭력 가해 청소년들의 멘토가 되어준 관계자의 말이었습니다.

"처음에 욕을 하고 침을 뱉어대던 무서운 아이들도 존댓말을 써주면 태도가 달라지고 자신의 꿈을 이야기하게 하면 눈빛이 빛나요."

세상을 불신하고 환경에 분노하던 아이들, 입만 열면 막말을 쏟아내고 거리낌 없이 욕설을 내뱉던 아이들, 마음의 문을 닫아걸고 거친 말투와 행동으로 스스로를 둘러친 아이들을 변화시킨 열쇠가 바로 존댓말이었던 겁니다. 물론 멘토들의 존댓말은 단순히 '요'로만 끝나지 않았을 겁니다. 낙오된 아이들을 진심으로 존중하고 위하는 마음이 담뿍 담긴 존중의 언어였을 테지요. 이솝 우화에서 따뜻한 햇살이 나그네의 외투를 벗긴 것처럼 진정성이 담긴 존댓말은 아이들의 굳게 닫힌 마음을 활짝 열 만큼 위력적이었습니다. 그리고 마음을 연 아이들은 앞다투어 이들에게 '꿈'을 털어놓기 시작했습니다. 나에게 관심을 가져주고 나의 말에 귀를 기울이고 나의 생각을 존중해주는 멘토들에게 '진짜 이야기'를 시작하게 된 것이지요. 이처럼 진정한 존댓말에는 얼어붙은 마음을 녹이고 뒤돌아선 사람을 돌려세우는 위대한 힘이 있습니다.

　게임 중독에 빠져 있던 아이들도, 툭하면 폭력을 휘둘러대던 아이들도 세상과 소통하기 시작했습니다. 타인과 마음 담긴 대화를 나누고 오랫동안 숨겨온 속마음을 드러내 보였습니다. 스스로를 소외시키던 아이들은 존댓말을 듣고 쓰면서 세상을 향해 조금씩 발을 내딛었습니다. 존댓말의 바탕에 '배려'가 있었기 때문입니다. 가는 말이 고우면 오는 말도 곱다 했지요. 가는 배려가 있으면 당연히 오는 배려도 있습니다. 자신을 배려해주는 사람의 말에 귀를 기울이게 되는 겁니다. 상대의 마음을 헤아리는 배려의 존댓말은 상대를 행복하게 만드는 해피 바이러스를 전파합니다. 더불어 존댓말에는 온기가 담겨 있습니다. 마음이 춥고 허기진 사람에게 존댓말은 마음을 따뜻하고 그득하게 채워주는 힘입니다. 소설 『레 미제라블』에서 장발장을 교화시킨 힘도 차갑고 엄격한 법이 아니라 온유하고 따뜻한 존중의 말과 손길이었지요.

　존댓말은 부드러운 말입니다. 명령과 지시가 아닌 청유와 부탁의 뜻이 담긴 말입니다. 세상에 분노를 품은 아이들의 귀에는 명령이나 지시가 들어올 리 없습니다. 그저 성가시고 시끄러운 잔소리에 불과하지요. 이 아이들의 시선을 돌리고 귀를 기울이게 한 것은 무서운 호통이 아닌 조용하고 부드러운 존댓말이었습니다. 존댓말에 담긴 부드러움이 아이들의 마음에 난 상처를 어루만지고 치유

해주었던 겁니다.

존댓말은 공감의 말이기도 합니다. 진정성이 담긴 존댓말은 '너를 이해해', '그럴 수도 있지', '그랬었구나', '많이 아팠지?', '나도 힘들 때가 있었어' 등과 같이 공감을 전제로 합니다. 따뜻한 공감과 위로는 비로소 아이들에게 자신의 마음을 제대로 들여다볼 기회를 제공했을 겁니다. 자신을 받아들이지 않는 아이는 자신의 내면과 마주하는 것을 두려워하지요. 하지만 공감을 받은 아이들은 얼어 붙었던 공감 능력이 제 기능을 발휘하기 시작해 자신의 내면과 만나기를 시도했습니다. 그 결과 자신의 꿈을 발견하고 드러내게 된 것이지요.

꿈 보급소의 청년들은 존댓말의 힘을 누구보다도 잘 알고 있었던 듯합니다. '꿈을 가져라'는 일방적인 설교 대신 존댓말로써 마음을 어루만지는 것으로 소통의 첫 단추를 꿰었으니 말이지요. 체온이 유지돼야 몸이 건강한 것처럼 마음도 온기를 유지해야 건강할 수 있습니다.

존댓말로 아이들의 닫힌 마음을 열고 꿈을 꾸도록 인도한 꿈 보급소 이야기는 자녀를 키우는 부모님들에게도 많은 교훈을 줍니다. 아이와 원활히 소통하고 진심을 주고받고자 한다면 부모님들은 말 한마디에도 정성을 담아야 합니다. 아이의 사회성을 좌우하는 것 또한 부모님의 말임을 잊지 말아야 합니다. 존댓말은 꽁꽁 언

마음을 녹이고 딱딱해진 마음을 부드럽게 해준다고 했지요. 아이를 존중하는 말은 아이를 기분 좋게 해주고 아이에게 좋은 생각을 불어넣어줍니다. 좋은 생각을 할 수 있는 사람이 타인과도 건강한 관계를 맺고 유지할 수 있습니다.

미국 하버드대학교 교육대학원 하워드 가드너(Howard Gardner) 교수는 '다중지능이론'에 대해 이야기했습니다. 사회성은 다중지능 중 '자기이해지능'과 깊은 관계가 있습니다. 특히 유아기와 초등학교 시기에는 아이의 자기이해지능을 반드시 계발해줘야 합니다. 바로 존중과 공감, 격려와 응원의 말이 그 양분이지요.

"역시 우리 딸이야. 선생님 말씀을 정확히 기억하고 있구나."
"그것 봐. 열심히 노력하니까 지난번보다 훨씬 나아졌지?"
"가수가 되고 싶다고? 그럼 어떤 노력이 필요할까?"

인성과 사회성은 타고나는 것 이상으로 부모와의 관계를 통해 유연하게 변할 수 있습니다. 부모님의 따뜻한 말, 공감의 말, 존중의 말이야말로 아이의 인생을 변화시키는 값진 선물입니다.

## 존댓말과 창의력의 상관관계

차세대 과학계 리더로 첫손에 꼽히는 서울대학교 생명과학부 김빛내리 교수의 실험실은 창의적이고 탁월한 연구 성과로 유명합니다. 이 실험실은 초창기부터 평등하고 수평적인 인간관계를 표방했다고 합니다. '방장' 직함을 단 학생이 일부 권한을 위임 받아 모든 것을 관리하는 여느 실험실과 달리 구성원들이 돌아가면서 방장을 맡고 박사 과정 학생이 석사 과정 학생에게 존댓말을 쓰도록 했다지요. 서로를 존중하는 문화가 활발한 소통과 토론으로 이어졌고, 그 결과 창의력이 활짝 꽃을 피운 것이었습니다.

# 존댓말이 아이의 뇌를 깨운다

## 존댓말, 언제부터 가르칠까?

요즘 육아의 화두는 '사회성'이지요. 사회성의 기초는 상호 작용, 즉 소통 능력입니다. 존댓말 교육은 우리 아이의 소통 능력을 키워 주는 기초 훈련입니다. 존댓말 교육은 곧 존중을 가르치는 것이고, 존중이야말로 소통의 절대 명제이기 때문입니다. 외국인들이 우리 말을 배울 때 가장 어려워한다는 존댓말, 과연 언제부터 가르쳐야 할까요? 바로 유아기입니다. 아이가 말문을 틔운 후 자기 의사를 제법 표현하기 시작하는 때가 존댓말 교육을 시작할 적기입니다. 아이가 힘들이지 않고 자연스럽게 존댓말을 체득할 수 있는 시기이기 때문입니다. 물론 최고의 배움터는 가정이요, 최고의 선생님은 부모님이지요.

사교육이라면 세계에서 따라올 나라가 없는 우리나라에도 '존댓말 학원'은 존재하지 않습니다. 유아 논술, 리더십·스피치 학원은 있을지언정 존댓말 학원은 찾아볼 수 없지요. 그도 그럴 것이 읽기와 쓰기조차 제대로 하지 못하는 유아기 아이에게 어른도 가끔씩 헷갈리는 어려운 존댓말을 지식으로 가르칠 만한 방법이 없기 때문입니다.

부모님이 일상에서 존댓말을 잘 사용하면 아이는 자연스럽게 존댓말을 익히게 됩니다. 아이들을 흔히 스펀지에 비유하지요. 아이들은 이미 태내에서 부모님으로부터 언어를 배우고 익히며 구사할 준비를 갖춘 다음 세상에 나옵니다.

모국어를 제대로 알고 정확하게 사용할 줄 아는 아이가 외국어 학습에도 뛰어난 능력을 보입니다. 언어는 문법이라기보다 문화입니다. 미국의 사회 언어학자 델 하임즈(Dell Hymes)의 지적대로 '문화로서의 언어'를 사용할 수 있는 사람만이 세계인과 감성을 나누고 공감할 수 있는 언어를 사용하며 세계 무대에서 당당히 자리할 수 있겠지요.

만 3세 정도면 보통 어린이집이나 유치원 등 기관에 다니기 시작하고 또래와 선생님 등 다양한 타인과 의사소통을 시도하게 됩니다. 이 시기 아이들은 가히 '모방의 천재'라 할 만큼 다른 사람의 말과 행동을 거의 그대로 따라 합니다. 아이가 누구를 모방하는지 살펴보면 아이가 좋아하는 사람과 그 순위를 알 수 있지요. 아이들은 보통 자신이 좋아하는 사람의 말과 행동을 따라 하거든요. 당연히 그 영순위는 부모님입니다. 따라서 부모님이 존댓말을 자꾸 들려주고 사용하는 모습을 보여주면 아이는 자연스럽게 존댓말을 익히게 됩니다.

어린이집이나 유치원 선생님도 아이들에겐 훌륭한 존댓말 스승입니다. 요즘 대부분의 기관에서는 선생님이 존댓말을 사용합니다. 선생님의 존댓말과 함께 아이들은 두 손을 배에 모으고 허리를 굽히는 이른바 '배꼽 인사'도 배웁니다. 자연스럽게 존댓말 환경에 노출되는 것이지요. 이때 가정에서도 존댓말을 집중적으로 들려주고 사용하면 존댓말이 습관이 될 수 있습니다. 가정과 기관의 교육이 일관적이고 서로 연계될 때 그 효과는 배가되는 법이거든요. 아이의 언어 발달 정도와 환경의 특성을 고려해 이 시기 전후를 잘 활용하면 아이의 존댓말 습관 형성에 큰 도움이 됩니다.

아이들은 생후 6개월 무렵 언어 습득의 기초인 옹알이(Babbling) 시기를 거쳐 5~6세까지 모국어에 대한 정보 처리 회로를 완성해나

갑니다. 특히 생후 18개월부터 2세까지는 '언어 폭발기'라고 부를 만큼 굉장히 많은 언어를 습득합니다. 뇌 과학자들은 이 시기를 가리켜 '언어 습득의 감수성기'라고도 부르지요. 3~6세는 문법 규칙을 빠르게 익히는 시기입니다. 이것이 유아기에 존댓말을 배워야 하는 또 다른 이유입니다. 아이의 뇌가 언어와 문법 규칙을 받아들일 준비가 되었을 때 자연스럽게 존댓말 환경에 노출시키면 그만큼 수월하게 배울 수 있기 때문입니다.

'말 한마디에 천 냥 빚을 갚는다'라는 속담이 있지요. 여기서 '말'은 유창한 말솜씨를 뜻하지 않습니다. 타인의 마음을 움직여 감동케 하는 소통 능력입니다. 동서고금을 막론하고 소통 능력은 곧 성공 밑천입니다. 나이, 분야, 지위 등에 관계없이 자신의 뜻을 효과적으로 전달하고 영향력을 미치는 능력이 뛰어날수록 세상을 살아가기가 편해집니다. 존댓말 교육은 인성 교육의 출발점이자 사회화의 첫걸음입니다. 요즘처럼 '존댓말치'가 부지기수로 많은 세상에서 우리 아이가 높임말을 제대로, 그리고 멋지게 사용할 수 있다면 상대적으로 더욱 빛나지 않을까요. 존댓말은 훗날 아이가 사회인이 되어 누구와도 조화로운 관계를 맺을 수 있는 '정신적 종잣돈'이 되어줄 것입니다.

## 인성, 지능, 사회성이 자라는 존댓말 교육

병아리가 태어나는 광경을 보신 적 있나요? 알에서 나오려는 병아리가 안에서 껍질을 쪼아대면 알을 품던 어미 닭이 겉을 쪼아 부화를 도와줍니다. 중국 송나라의 불서(佛書)인 『벽암록(碧巖錄)』의 화두에서 유래된 줄탁동시(啐啄同時)가 바로 이 과정을 일컫은 말이지요. 병아리가 알을 깨고 나오려면 어미 닭과의 합심이 필요합니다. 제 시간에 알을 깨고 나오지 못하면 병아리는 숨을 쉴 수 없어 죽고 말거든요. 어미 닭이 병아리가 보내는 신호를 알아채지 못하면 시간을 놓치게 됩니다. 안에서 쪼고 밖에서 돕는 협력이 동시에 이루어져야지만 비로소 병아리는 하나의 생명으로 이 땅에 발을 내디딜 수 있습니다. 그렇다고 어미 닭이 먼저 나서서 껍질을 깨주느냐 하면 그렇지 않습니다. 그저 작은 구멍을 하나 내주고 나서 병아리의 사투를 묵묵히 지켜보지요. 그래야 병아리가 세상에 나와 스스로 걷고 먹이를 쪼아 먹으며 살아갈 힘을 가질 수 있으니까요. 자녀를 키우는 부모님들은 '줄탁동시'를 늘 염두에 두시길 권하고 싶습니다. 아이가 도움이나 자극을 필요로 하는 '적기(適期)'에 아이에게 동기를 부여할 수 있는 '적정한 지원'을 해줘야 한다는 뜻입니다.

한때 뜨거웠던 조기 교육 열풍에 이어 최근에는 '적기 교육'의 중요성이 강조되고 있습니다. 더불어 뇌 과학과 연계해 필요한 시기에 뇌에 적절한 자극을 주어야 한다는 육아법도 급부상하고 있지요. 출판계에서는 좌뇌 발달, 우뇌 발달을 돕는 교육서가 쏟아져 나오고, 태교용품 시장에는 아이가 태어나기도 전부터 두뇌를 발달시키고 싶어 하는 부모님들의 발길이 끊이질 않습니다. 저도 이와 관련된 상담 요청을 부쩍 많이 받습니다. 유아기에 IQ와 EQ 중 어느 쪽 발달을 우선시해야 하느냐는 문의도 많이 받지요. 저는 그때마다 "어느 한쪽에 치우치지 않고 전뇌(全腦)가 골고루 발달하도록 다양한 자극을 주어야 한다"고 강조합니다. 어떤 자극이냐고요? 바로 존댓말을 활용해 아이의 뇌를 깨우는 방법입니다.

우리 속담에 '세 살 버릇이 여든까지 간다'는 말이 있지요. 과학적으로 어느 정도 일리가 있다는 게 전문가들의 설명입니다. 뇌 과학에 따르면 뇌의 발달 영역은 시기별로 다릅니다. 그중 3~6세 정도의 유아기에는 뇌의 앞쪽에 자리한 전두엽이 왕성히 발달합니다. 전두엽은 감정 조절, 계획의 수립 및 실행, 주의 집중 등 고도의 종합적 사고를 관장하는 영역이지요. 쉽게 말해 사람을 사람답게 하는 기능을 담당합니다. 그러므로 전두엽이 빠르게 발달하는 유아기에는 무엇보다도 도덕성과 인성 교육, 예절 교육이 이뤄져야 합니다. 이 시기에 도덕성의 기초를 다져주지 않으면 후에 도덕성 교육을 하고 받아들이는 데 있어 시간이 훨씬 오래 걸리고 힘이 들기 때문입니다.

인생을 살면서 정말 필요한 것은 지식이 아닌 지혜입니다. 뇌 과학에 따르면 지혜 역시 전두엽이 관장합니다. 구체적으로는 인성과 공감 능력, 사회성과 센스를 좌우합니다. 전두엽이 잘 발달한 사람은 상대가 무엇을 원하는지 파악하고 공감하는 능력을 가지고 있으며 자신을 돌아볼 줄 압니다. 반대로 전두엽이 충분히 발달하지 못한 사람은 다른 사람의 아픔에 공감하지 못합니다. 심한 경우 거리낌 없이 폭력을 휘두르거나 살인을 하고도 죄책감을 느끼지 못하지요. 이 정도면 전두엽이 인생의 질을 결정한다고 해도 과언이 아닙니다. 그리고 전두엽이 발달한 아이가 공부를 잘할 가능성도 높습니다. 계획을 세우고 실행하는 능력과 주의 집중력이 우수하니까요.

아이의 전두엽 발달을 위해 부모는 무엇을 어떻게 해줘야 할까요? 국내 뇌 과학계 최고 권위자인 서울대학교 의과대학 서유헌 교수는 존댓말 사용하기와 바른 자세로 인사하기를 추천했습니다. 공감 백배입니다. 바른 예절이야말로 인성 교육의 출발점이니까요. 비싼 교구도, 사교육도 아닌 존댓말이 아이의 전두엽을 깨우고 인성에 사회성에 공부하는 힘까지 키울 수 있다니 부모라면 누구나 솔깃할 수밖에 없습니다.

인성이란 개인이 가진 사고와 태도 및 행동 특성을 뜻합니다. 인성은 '우뇌'가 담당하지요. 인성에는 타인의 마음을 헤아리고 읽을 줄 아는 능력이 지대한 영향을 미칩니다. 타인의 감정을 읽고 공감하며, 적절한 도움을 제공하고 문제를 해결하는 능력이 뛰어나다면 당연히 인성이 좋을 수밖에요. 앞서 존댓말의 근간이 상대방을 존중하는 마음이라고 했지요. 존댓말을 익히고 사용하면 자연스럽게 공감 능력이 키워집니다. 전두엽 발달을 촉진시킬 수 있는 겁니다. 또한 존댓말은 뇌에서 언어를 담당하는 영역인 측두엽을 발달시키는 데도 큰 역할을 합니다.

모국어를 이제 막 받아들이기 시작한 어린아이의 경우 한국어의 정수인 존댓말을 배우고 사용하면서 높은 수준의 언어 감각을 익힙니다. 문법적으로 어려운 존댓말을 갈고닦으면서 이른바 '언어뇌'가 쑥쑥 성장하게 되지요. 동시에 어떤 사람에게 어떤 존댓말을 사용해야 하는지를 배우고 판단하는 과정에서 자연스럽게 논리와 판단 능력도 자라납니다. 즉, 좌뇌 발달에도 도움을 줄 수 있다는 뜻입니다.

돌 무렵 한두 단어를 말하기 시작한 아이들은 두세 살을 거치면서 엄청난 양의 언어를 습득하는 언어 폭발기를 맞이합니다. 아이가 처음 말을 배우기 시작할 때부터 존댓말 습관을 잘 잡아주면 어휘력은 물론 차후 유치원 누리 과정에서 강조되는 '상황에 따른 말하기 능력'도 무럭무럭 발달하게 됩니다. 이 근거는 이론에서도 찾을 수 있습니다. 러시아의 교육 심리학자 레프 비고츠키(Lev Vygotsky)는 아동 인지 발달 이론으로 '근접발달영역(Zone of Proximal Development)'이라는 개념을 제시했습니다. 근접발달영역이란 아이의 현재 발달 수준과 잠재적 발달 수준 사이의 영역을 일컫는 용어로, 아이가 혼자서는 도달할 수 없지만 주변의 도움을 받아 올라갈 수 있는 더 높은 발달 단계를 의미합니다. 비고츠키는 아이를 어른과의 관계에서 영향을 받으면서 성장하는 '역사-사회적 존재(Historico-Societal Being)'로 정의하고 성숙한 부모나 교사, 동료와의 상호 작용을 통해 더 높은 발달 수준으로 도약할 수 있다고 보았습니다. 아이가 혼자 해결할 수 없는 문제를 어른의 도움을 받아 해결하면서 인지와 언어가 발달한다는 것이지요. 다시 말해 어른이 '스캐폴딩(Scaffolding, 높은 곳에 올라갈 수 있도록 도와주는 계단)' 역할을 해줘야 아이가 더 높은 단계로 나아갈 수 있다는 주장입니다. 존댓말이야말로 비고츠키가 주장한 근접발달영역에 딱 들어맞는 개념이지요. 아이에게 존댓말은 낯설고 어려운 영역일 것입니다. 하지만 성숙한 어른들이 사용하는 존댓말과 존중의 언어를 보고 들으면서 아이의 인지와 언어는 훨씬 더 높은 수준으로 도약합니다. 아이가 부모님과의 일상에서 존댓말을 자연스럽게 접하고 배우는 동안 언어와 인지 발달이 그만큼 활발하게 일어나니까요.

 존댓말은 우리나라의 언어 유산이자 우리 민족의 귀중한 문화 유산입니다. 한국어의 전통이 오롯이 담긴 존댓말을 통해 그 안에 깃든 문화를 습득하는 것은 물론 두뇌 활동까지 촉진할 수 있으니 그 힘은 실로 대단합니다. 존댓말로 아이의 두뇌를 깨워주세요. 부모님이야말로 아이의 두뇌 발달에 있어 최고의 조력자입니다.

## '법(法)'보다는 '감(感)'이 먼저다

 우리말의 존대법은 용언의 활용과 특수 어휘를 사용하는 두 가지 형식으로 매우 체계적으로 발달되어 있다. 웃어른을 대함에 있어 공경과 예의범절이 강조되는 우리나라에서는 웃어른에게 적합한 존댓말을 사용하지 않을 경우 정확한 언어 사용을 했는지 여부를 넘어 올바른 품성과 도덕성이 결여되어 있는 것으로 판단되기 쉬우며 원만한 인간관계를 맺는 데 어려움을 느낄 수 있다.

−2010년 10월호, 31권, 『아동학회지』

 아동학회지의 논문을 읽던 중 눈에 띄는 대목을 발견했습니다.

존댓말과 예의, 품성, 도덕성, 원만한 인간관계를 연결하는 내용이 특히 인상적이었지요. 존댓말의 효용을 제대로 밝힌 분석이었습니다. 그런데 사실 '적절한 존댓말'이라는 것을 구사하기가 쉽지만은 않습니다. 용언과 특수 어휘로 구조화된 우리말의 존대법이 상당히 복잡하기 때문이지요.

① 어머님, 식사하세요.

② 아버님, 이것 좀 드셔보세요.

③ 여보, 아버님께서 오시래.

④ 부장님, 과장님께서 아직 안 오셨습니다.

⑤ 교장 선생님 말씀이 계시겠습니다.

⑥ 요금은 삼천 원이세요.

⑦ 주소가 어떻게 되세요?

⑧ 신발 벗고 이쪽으로 누우실게요.

위의 예시 중 높임말 쓰임이 바르지 않은 것은 무엇일까요? 정답은 '모두'입니다. 제대로 쓰면 다음과 같습니다.

① 어머님, 진지 드세요.

② 아버님, 이것 좀 들어보세요.

③ 여보, 아버님께서 오라고 하셔.

④ 부장님, 과장님이 아직 안 오셨습니다.

⑤ 교장 선생님께서 말씀하시겠습니다. (교장 선생님 말씀이 있겠습니다.)

⑥ 요금은 삼천 원입니다.

⑦ 주소가 어떻게 됩니까?

⑧ 신발 벗고 이쪽으로 누워주세요.


인터넷과 문자 메시지가 일상화되면서 줄임말과 언어 파괴가 만연하는 가운데 올바른 존댓말은 설 자리를 점점 위협 받고 있습니다. 핵가족의 일반화로 존댓말의 사용 대상과 그 기회가 크게 줄어든 것도 한몫을 하고 있지요.

하지만 부모라면 누구나 내 아이가 바르고 고운 말을 사용하고 존댓말로 윗사람에게 예의를 갖추기를 바랄 겁니다. 그래서 많은 부모님들이 아이가 말을 배울 무렵부터 존댓말을 열심히 가르치고자 애를 쓰지요. 말버릇에는 사람의 인격이 드러나기 때문에 아이에게 좋은 말 습관을 들이고자 하는 바람은 결코 욕심이 아닙니다. 하지만 이를 작정하고 가르친다면 이야기는 전혀 달라집니다. 성문 영어 가정법 과거를 가르치는 것처럼 우리말 존대법을 가르친다면 아마 아이들은 존댓말에 학을 떼게 될 겁니다. 어쩌면 가르치는 부모님들이 먼저 지레 포기해버릴지도 모르지요. 그만큼 존댓말을 문법으로 가르치고 배우기란 쉽지 않습니다.

　　존댓말은 일반적으로 크게 세 가지로 나뉩니다. 존대의 대상에 따라 문장의 주체를 높이는 주체 존대법, 자기를 낮춤으로써 상대방을 높이는 상대 존대법, 객체를 높이는 객체 존대법이 그것이지요. 주체 존대법은 연결 어미 '-으시-', 주격 조사 '-께서', 존대 명사 '진지(밥)', 존대 동사 '잡수시다', '편찮으시다' 등 특수 어휘에 의해 실현됩니다. 존댓말에 제법 자신 있는 사람이라도 이를 문법적 혹은 사전적으로 설명하라고 하면 난감해합니다. 하물며 이를 세 살배기 아이에게 공식처럼 가르칠 수 있을까요? 존댓말은 '배우는 것'이 아니라 '배는 것'입니다. 가르치는 게 아니라 자연스럽게 익히도록 해야 하는 것이지요. 유치원에서 선생님이 아이에게 이런 말을 했다고 가정해보겠습니다.

"민지야, 풀잎반 선생님께 가서 '햇살반 선생님이 도화지 한 장만 주시래요' 하고 말씀드리렴."

　　제법 어려운 존대법이 사용된 문장이지요. 문법적으로 한번 풀어볼까요?

문장 안에서는 손윗사람인 선생님에게 객체 존대법 주격 조사 '-께'를 사용한다. 그리고 주체 존대법 연결 어미 '-시-'를 넣어야 하며, '말한다'가 아니라 '말씀드린다'로 존대 동사와 같은 특수 어휘를 넣어 표현해야 한다.

분명 우리말인데도 문법적으로 풀다 보면 수학 공식처럼 어렵게만 느껴집니다. 하지만 제가 만난 유치원 아이들 중에 위와 같은 존댓말을 못 알아듣는 아이는 없었습니다. 그리고 부탁한 대로 정확히 전달했지요.

"선생님, 햇살반 선생님이 도화지 한 장만 주시래요."

아이는 높임말을 문법으로 배우는 게 아니라 일상에서 자연스럽게 체득하기 때문입니다. 20년 넘게 아이들과 현장에서 함께하며 절감한 것은 언어는 문법 이전에 '감'으로 배워 구사한다는 겁니다. 특히 모국어는 교과서로 문법을 배우기 전에 습득되는 부분이 훨씬 큽니다. 한 예로 우리말엔 영어의 'R'에 해당하는 소리가 없습니다. 자음 'ㄹ' 소리는 알파벳 'L' 소리에 가깝지요. 그래서 '롸면'이 아니라 '라면', '오렌쥐'가 아니라 '오렌지'라고 발음하게 됩니다. 우리나라 아이들은 'ㄹ' 발음을 따로 가르치지 않아도 자연스럽게 'L'

소리에 가깝게 발음합니다. 인간의 뇌가 자주 듣는 음소를 스스로 선택해 습득하도록 프로그래밍 되어 있기 때문입니다. 실험에 따르면 돌이 되기 전부터 뇌에서 이러한 취사선택이 일어난다고 합니다. 한마디로 '감'인 것이지요. 존대법 역시 '감'으로 각인되어야 합니다. 언어의 감, 존댓말의 감을 발달시키는 적기는 역시 유아기입니다. 물론 가정에서 존댓말에 자연스럽게 노출시키는 것이 가장 효과적인 방법임은 두말할 필요도 없지요.

## 존댓말의 좋은 점

**1. 존댓말은 전두엽을 발달시킵니다.**

– 존댓말은 감정과 정서와 관련된 우뇌 발달을 촉진합니다.

– 존댓말은 인성과 사회성을 자라게 합니다.

– 존댓말은 예절과 도덕성을 키워줍니다.

– 존댓말은 다른 사람들과 친밀한 관계를 맺는 친교적 능력을 강화시킵니다.

**2. 존댓말은 언어를 관장하는 두뇌인 측두엽을 발달시킵니다.**

– 존댓말은 상황과 대상에 따른 올바른 언어 표현법을 익히게 해줍니다.

**3. 존댓말은 전뇌(全腦)를 발달시킵니다.**

– 존댓말은 상대와 때에 따라 적절한 말을 사용하게 함으로써 논리와 사고력 발달에

도움을 줍니다.

– 존댓말은 언어를 의미 맥락에 맞게 사용할 수 있는 언어의 화용성을 키워줍니다.

– 존댓말은 구사 가능한 어휘를 늘려 언어의 유창성을 촉진시킵니다.

– 존댓말은 같은 언어를 사용하는 사람들 사이의 사회적 약속인 언어의 사회성을 자

연스레 익히게 합니다.

– 존댓말은 의사소통 능력을 향상시킵니다.

– 존댓말은 감정이나 생각을 적절히 표현하는 정서적 능력을 높여줍니다.


**4. 존댓말은 언어와 인지 발달의 잠재적 발달 수준**(Potential Development Level)**을 실제**

**적 발달 수준**(Actual Development Level)**으로 끌어올려줍니다.**

# 가는 인성이 고우면 오는 인성도 곱다

### 유치원에서는 무엇을 배울까?

오래된 베스트셀러 중 『내가 정말 알아야 할 모든 것은 유치원에서 배웠다』라는 책이 있습니다. 유아 교육자인 저로선 무릎을 치지 않을 수 없는 책이었지요. 책 제목이 실로 진리였으니까요. 저자의 말대로 우리는 살아가는 동안 유치원 무렵에 배운 여러 가지 삶의 지침들을 끊임없이 반복하고 확인하게 됩니다. 물론 조금 더 복잡하고 깊이 있는 형태로 말이지요.

그렇다면 요즘 아이들은 유치원에서 대체 무엇을 배울까요? 우리나라의 대표적인 유아 교육기관은 어린이집과 유치원입니다. 만 3세 미만의 아이는 어린이집, 만 3~5세의 아이는 어린이집이나 유치원 중 한 곳을 선택해 다니게 되지요. 어린이집과 유치원은 관할 부처가 각각 교육부와 보건복지부로 나뉘어져 있지만 교육 과정만큼은 통합해서 제공하도록 되어 있습니다. 바로 이 통합 교육 과정이 익히 알려진 '누리과정'입니다. 누리과정은 부모님들이 일반적으로 생각하는 것보다 훨씬 체계적이며 질적으로도 우수한 내용으로 짜여 있지요. 그중에서 언어를 예로 들어볼까요. 만 3~5세 연령별 누리과정의 언어 교육(의사소통 영역) 중 '말하기'는 다음과 같은 내용을 집중적으로 교육하도록 구성돼 있습니다.

'상황에 맞게 바른 태도로 말하기'의 세부 내용으로는 '듣는 사람의 생각과 느낌을 고려하여 말한다', '상대방을 바라보며 말한다', '차례를 지켜 말한다', '때와 장소, 대상에 알맞게 말한다', '바르고 고운 말을 사용한다'가 있다.

그중에서 '때와 장소, 대상에 알맞게 말한다'는 유아가 자신의 생각과 느낌을 상대방에게 잘 전달해 이해시키고 설득하기 위해서 때와 장소, 대상을 고려하는 것이 필요함을 이해하고, 실천하는 내용이다. 때와 장소, 대상에 따라 목소리 크기와 강약을 조절하고 또래, 선생님, 부모 등

대상에 따라 존댓말이나 상대방에게 적절한 언어적 표현을 해야 한다. 이를 위해 다양한 기회를 자주 갖도록 한다.

'바르고 고운 말을 사용한다'는 최근 대중 매체의 영향으로 유아들이 유행어나 신조어 등을 자주 접하고 이를 사용하는 일이 빈번해지고 있기에 더 요구된다. 바르고 고운 말 사용하기는 주변 사람들의 말하기 모델이 중요하며 가정과 기관이 서로 연계해 노력해야 한다. 지속적으로 길러야 하는 의사소통의 기본예절이다.

－'의사소통 영역' 중 발췌·요약, 『3~5세 연령별 누리과정 해설서』

한마디로 요약하면 사람과 사람 간 의사소통의 기본과 대원칙을 가르치는 겁니다. 상황에 맞게 바른 태도로 말할 줄 안다면 의사소통에 문제가 없다고 할 수 있지요. 유치원에서는 아이들에게 말의 시간, 장소, 상황을 가르치는 데 많은 힘을 기울입니다.

예절과 존댓말 교육은 '사회관계 영역'을 통해서도 비중 있게 다뤄집니다. 인사 예절과 존댓말로 대변되는 언어 예절은 언어뿐 아니라 사회성과도 밀접하게 연관되어 있기 때문입니다.

'사회적 가치를 알고 지키기'의 세부 내용으로는 '다른 사람의 생각, 행동을 존중한다', '다른 사람을 배려하여 행동한다', '친구와 어른께 예의 바르게 행동한다' 등이 있다.

그중에서 '친구와 어른께 예의 바르게 행동한다'는 예의 바른 행동과 말이 다른 사람에 대한 배려와 존중, 친절을 표현하는 또 다른 언어임을 알고, 웃는 얼굴로 인사하고 예의를 갖춰 행동하는 것의 중요성에 대해 알도록 하는 내용이다. 유아가 이름이 불리거나 질문을 받았을 때 친절히 응대하고, 누군가는 만났을 때 인사를 하며, 상황에 맞게 고마움과 미안함을 표현하는 등 말과 행동의 중요성을 알고 예의 바른 언어와 행동을 실천하도록 한다.

–'사회관계 영역' 중 발췌·요약, 『3~5세 연령별 누리과정 해설서』

이처럼 누리과정은 의사소통에서 사회관계까지 다양한 영역에서 존댓말을 가르칩니다. 존중과 배려에 바탕을 둔 존댓말이 언어 예절뿐 아니라 인성과 사회성의 기초를 다지는 핵심 요소라고 보기 때문입니다. 더불어 가정과의 연계 교육도 중요하게 여깁니다. 배움이 일반화되기 위해서는 생활 속에서 실천하는 과정이 필수적이니까요. 자녀를 어린이집이나 유치원에 보내신다면 주간 학습 계획을 눈여겨보신 다음, 가정에서도 아이가 배운 것을 잘 활용하도록 도와주세요. '유치원에서 배우는 모든 것'의 교육 효과가 배가될 겁니다.

## 상위 1% 아이로 키우는 전통 교육 노하우

요즘 많은 자녀 교육 프로그램들이 '상위 1%'를 캐치프레이즈로 내걸고 있습니다. 서점가에도 '상위 1%', '최상위' 등을 전면에 내세운 책들이 즐비합니다. 물론 상위 1%란 말에 거부감 혹은 이물감을 느끼는 분들도 많을 겁니다. 하지만 부모라면 누구나 내 자녀가 상위 그룹에 속하길 바라는 것 또한 부인할 수 없는 사실이지요.

진정한 상위 1%는 국·영·수로 완성되는 것이 아닙니다. '전인(全人)'의 화룡점정은 '인성'입니다. 제대로 된 리더, 존경 받는 리더라면 지(智), 덕(德), 체(體)를 골고루 갖춰야지요. 소위 잘나가는 사람 중에서도 지와 체는 갖췄지만 덕이 부족한 경우를 종종 봅니다. 지속 가능한 엔진이 없는 기관차 같다고 할까요. 인성이 결여된 사람은 결코 진짜 자기 사람을 얻을 수 없습니다. 인생은 성적대로 살게 되지 않고, 돈은 있다가도 없다가도 하지만, 인성만큼은 어려서 형성된 모양대로 평생을 가게 됩니다. 그만큼 부모님의 역할이 정말 중요하다는 겁니다. 뒤집어 말하면 부모님이 해줄 수 있는 부분이 크다는 뜻이지요.

어려서부터 존댓말과 예절 교육을 통해 배려와 공감 능력을 키워주는 것이야말로 자녀를 상위 1%로 만드는 기초 공사입니다. 지금부터 그 공사의 노하우를 전통 교육에서 찾고자 합니다. 예로부

터 우리나라는 웃어른을 공경하고 예를 다하는 예절 교육을 강조
했으니까요.

　신사임당은 흔히 '현모양처'의 대명사로 통합니다. 하지만 실제 신사임당의 삶은 일반적인 현모양처와는 거리가 있었습니다. 신사임당은 '어머니'이기 이전에 가문의 촉망 받는 딸이었고 뛰어난 화가이자 시인이었으며 성리학과 역사에 능한 학자였습니다. 결혼을 해서도 계속 친정에 머물며 자신의 재능과 학문을 꽃피우는 데 많은 힘을 기울였지요. 내조와 자녀 교육을 위해 기꺼이 희생하는 전통적인 어머니상과는 사뭇 차이가 있었습니다. 그런가 하면 '가정경영'에도 뛰어났습니다. 50살이 되도록 과거에 급제하지 못한 남편을 대신해 집안을 건사하고 조선의 대학자 율곡 이이, 화가로 이름을 날린 이매창 등 7남매를 훌륭히 키워냈거든요. 침체에 빠진 가문이 부흥하는 전기를 마련했으니 이씨 가문의 성공적인 CEO라고 하겠습니다.

　하지만 아쉽게도 신사임당의 교육법을 자세히 살펴볼 문헌은 전무합니다. 다만 여러 자료를 통해 신사임당이 친정어머니를 극진히 모시며 자녀들에게 효행의 모범을 보였다는 사실을 확인할 수 있을 뿐입니다. 또한 자녀들에게 공부를 채근하기보다 스스로 공부하고 그림을 그리면서 먼저 본을 보였다고 합니다. 평생 손에서

책을 놓지 않고 자기 수양을 게을리하지 않으면서 자녀들에게 인생의 롤 모델이 되어준 것이지요. 이런 어머니의 가르침을 받고 자란 율곡 이이의 저서는 그런 면에서 자못 흥미롭습니다. 『격몽요결(擊蒙要訣)』, 『소아수지(小兒須知)』 등 조선 시대의 교육관과 유아 교육 지침을 담은 그의 저서는 요즘 교육 현장에서 활용해도 무방할 만큼 손색이 없습니다.

발은 무겁게, 손은 공손하게, 눈은 단정하게, 입은 신중하게,
목소리는 조용하게, 숨은 정숙하게, 몸은 바르게, 얼굴은 기상이 넘치게
足容重 手容恭 目容端 口容止 聲容靜 頭容直 氣容肅 立容德 色容莊
족용중 수용공 목용단 구용지 성용정 두용직 기용숙 입용덕 색용장

율곡 이이는 『격몽요결』에서 사람이 마땅히 가져야 할 '구용(九容, 아홉 가지 용모)'을 강조합니다. 뜻을 새겨보면 행동이 진중하고 어른에게 공손하며 자세가 바르고 표정이 밝은, 시쳇말로 훈남훈녀가 떠오릅니다. 이런 아이라면 어디를 가든 눈에 띄고 부러움을 사겠지요.

율곡 이이의 핵심 교육 사상은 '입지(立志, 뜻을 세움)'와 '실천(實踐, 뜻을 행함)'으로 요약됩니다. 특히 일관되게 유아기의 예절 교육을 강조한 점이 두드러지지요. 율곡 이이는 『소아수지』에서 '윗사람을

공경하지 않거나 공경하지 않는 말을 하는 것을 벌해야 한다'고 이릅니다. 치국평천하(治國平天下), 즉 나라와 천하를 다스릴 만한 큰 인물로 키우려면 가정 교육이 관건이라는 게 그의 지론입니다. 『성학집요(聖學輯要)』에서도 '아침저녁으로 아이들이 어른에게 행해야 할 예절을 가르치라'고 조언합니다. 일례로 율곡 이이는 아이가 예닐곱 살 때부터 조부와 겸상을 해서 식사 예절을 익혀야 한다고 권합니다. 더불어 아이가 학문의 최종 목표인 성인(聖人)에 이르기 위해서는 성인(成人), 즉 부모를 따라서 배워야 한다고 말합니다. 부모가 자녀에게 본을 보이고, 자녀가 이를 따르도록 가르쳐야 함을 콕 집어 강조하고 있지요. 다시 말해 부모가 롤 모델이 되어 아이가 가정에서부터 이성적인 인격과 능력을 갖추도록 기반을 조성해야 한다는 것입니다. 율곡 이이가 유아 예절 교육에 관심을 쏟은 이유는 간단합니다. 어린 시절부터 올바른 교육을 받지 않으면 나쁜 습관이 굳어지게 되고 그만큼 성인이 되어서 이를 고치기가 어렵기 때문이지요.

아이를 제대로 교육하는 일이 훗날 나라를 다스리고 천하를 태평하게 할 인재를 키우는 토대라는 그의 가르침은 오늘날 유아 교육과 접목해도 전혀 부족함이 없습니다. 오히려 앞서 있다고도 할 수 있지요. 율곡 이이의 교육법이야말로 제가 유아 교육 강의를 할 때마다 강조하는 감성 지수, 창의성 지수, 인맥 지수, 사회성 지수,

인성 지수 등 아이에게 중요한 각종 '지수'를 하나도 빠짐없이 키워주는 전인 교육이니까요.

　어려서부터 아이에게 배려와 공감 능력을 심어준다면 인성만큼은 상위 1%로 자라기에 충분할 겁니다. '남에게 대접을 받고자 하는 대로 너희도 남을 대접하라'는 성경 구절도 있습니다. 이것이 바로 배려지요. 인격을 갖췄다면 어디를 가더라도 인격적인 대우를 받게 됩니다. 아이 마음에 '존중 받고 싶다면 존중하라. 존중하는 말을 하라'는 금언을 새겨주세요. 그 어떤 지식보다 아이가 인생을 사는 데 유용하고 귀한 지혜가 될 겁니다.

# '아'가 필요한 아이, '어'가 필요한 아이

## 그 양파가 잘 자란 이유

제가 부모 교육 강연을 할 때마다 애용하는 양파 실험 동영상이 있습니다. 양파를 50개씩 두 그룹으로 나눈 후 온도, 습도 등 환경 조건을 동일하게 갖춘 상태에서 보름간 키우는 실험입니다. 다른 조건은 단 하나, 한 그룹에는 좋은 음악을 들려주고 다른 그룹에는 갖은 욕설을 들려주는 것이지요. 동영상이 중간 정도 진행되면 일시 정지하고 질문을 던집니다.

"좋은 음악을 듣고 자란 50개의 양파는 어떻게 됐을까요?"

대다수의 부모님들이 "모두 싹이 났을 것"이라고 답합니다. 정답입니다. 50개의 양파는 하나도 빠짐없이 고르게 파란 싹을 틔웁니다. 곧바로 또 다른 질문을 던집니다.

"갖은 욕설을 듣고 자란 50개의 양파는 어떻게 됐을까요?"

역시 대부분의 부모님들이 이구동성으로 "싹이 하나도 나지 않았을 것"이라고 답합니다. 이번에는 틀렸습니다. 이어지는 동영상에서 예측을 뒤엎는 결과가 등장하지요. 싹을 전혀 틔우지 못한 양파가 있는가 하면, 간신히 싹을 올린 양파도 있고, 대쪽 같은 싹을 솟구쳐 낸 장군감 양파도 있었습니다. 그렇다면 늠름히 싹을 틔운 양파는 악조건 속에서도 어떻게 잘 자랄 수 있었던 걸까요? 이유는 간단합니다. 양파 별로 '개인차'가 있기 때문입니다. 다시 말해 '기질'의 차이라고 할 수 있지요.

누구에게나 저마다 타고난 성질, 즉 기질이 있습니다. 별달리 신경을 쓰지 않아도 잘 먹고 잘 자면서 순하게 크는 아이가 있는가 하면, 어찌나 별스러운지 잠시도 엄마를 가만 놔두지 않는 까다로운 아이도 있습니다. 여러 방면에서 늦되어서 부모에게 걱정과 함께 답답증을 안기는 '대기만성형' 아이도 있지요. 악조건 속에서 양파마다 발달에 차이가 있었던 것처럼 어린아이에게도 저마다의 고유성이 있습니다. 고유성은 타고나는 것이어서 양육이나 환경에 따라 그 자체가 크게 달라지진 않습니다. 오히려 부모가 그 고유성에 맞춰야 하지요. 같은 상황, 같은 태도도 아이에 따라 전혀 다르게 받아들일 수 있기 때문입니다. 다음에 등장하는 그림은 이를 잘 나타냅니다.

아이들의 반응이 제각각이지요. 이중에서 부모의 싸움에 상처를
덜 입는 아이는 누구일까요? '시끄러워서 잠을 잘 수가 없었다'거
나 'TV를 봤다'는 아이들입니다. 반면 '숨어버리고 싶다'거나 '무서
웠다'는 반응의 아이는 부모의 싸움으로 인해 트라우마를 가지게
될 수도 있습니다.

같은 부모, 같은 환경에서 태어난 아이라도 똑같이 자라진 않지
요. 형은 아롱이, 동생은 다롱이인 경우가 얼마나 많은가요. 역시
고유성이 모두 다르기 때문입니다. 아롱이에겐 아롱이에게 맞는,
다롱이에겐 다롱이에게 맞는 적합한 양육 방식이 필요합니다. 그리
스 신화에 등장하는 '프로크루스테스의 침대'를 떠올려보세요. 프
로크루스테스라는 괴물이 지나가는 나그네를 붙잡아 자신의 침대
에 눕힌 뒤 침대보다 긴 사람은 다리를 자르고, 짧은 사람은 다리
를 잡아 늘이는 잔인한 이야기지요. 생각 외로 많은 부모님들이 자
녀를 양육하면서 이와 같은 태도를 보이곤 합니다. 아이의 고유성
을 아무렇지도 않게 무시한 채 자신의 기준이나 방식을 고집하는
것이지요. 이럴 경우 자칫 아이의 마음에 치명상을 입힐 수도 있습
니다.

## 아이마다 통하는 말은 따로 있다

부모님들은 말을 할 때 세심하게 주의를 해야 합니다. 아이의 기질과 성향에 따라 말을 가려서 하는 지혜가 필요하다는 이야기지요. 상담 현장에서 보면 부모는 아이에게 어떤 말을 했다는 사실조차 잊어버렸는데, 아이는 두고두고 그 말을 떠올리고 곱씹으며 힘들어하는 사례가 비일비재합니다. 특히 소극적이고 내향적인 아이일수록 부모의 말에 엄청난 영향을 받지요. 언젠가 서로의 관계가 극한으로 치달아 괴로워하던 엄마와 딸을 만난 적이 있습니다.

사건의 발단은 사소했습니다. 과외가 있던 어느 날, 아이는 하교 시간이 지났는데도 연락 한 통 없이 집에 오지 않았습니다. 밤늦게 집에 돌아온 아이는 너무 아파 양호실에서 잠이 들었고, 그래서 전화도 받지 못했다고 말했습니다. 엄마는 아픈 딸을 배려해 일찍 잠자리에 들도록 했지요. 그런데 다음 날 아침, 딸은 엄마에게 사실을 털어놓았습니다. 전날 과외가 있다는 사실을 깜빡 잊고 친구의 생일 파티에 갔다는 겁니다. 그곳에서 신 나게 놀다 보니 시간이 가는 줄도 몰랐던 거지요. 자초지종을 들은 엄마는 딸의 눈을 쏘아보며 이렇게 말했습니다.

"너한테 정말 실망했다."

그 후 딸은 엄마에게 말문을 닫았고 둘 사이는 점점 악화되었습니다. 엄마의 말을 빌리자면 아이는 평소 자기 할 일을 알아서 잘하는 편이었고, 자존심으로 똘똘 뭉쳐 있어서 행여 자존심을 긁을까 잔소리를 거의 해본 적이 없다고 했습니다. 아이의 거짓말에 "실망했다"고 한마디 했을 뿐인데 저렇게 반응해서 괘씸하기 이를 데 없다고 덧붙였지요. 하지만 따로 만난 딸의 입장은 전혀 달랐습니다. 실망했다는 말을 들은 후 계속 엄마의 차가운 표정이 떠올라 더 이상 말을 할 수 없었다고요. 딸 역시 엄마에게 몹시 실망했다고 말했습니다. 과외 시간을 깜빡한 데 당황해 처음에 거짓말을 하긴 했지만 용기를 내서 다음 날 곧바로 고백을 했다고요. 그런데 그 마음은 무시한 채 '잔인한 말'을 아무렇지도 않게 한 엄마가 야속하기 그지없다는 것이었습니다.

어떻게 보면 아이가 너무 유약하다 싶지요. 물론 이 정도 말에 상처는커녕 흠집 하나 나지 않는 아이도 있습니다. "너 때문에 내가 못 살아!"라고 버럭 하는 엄마를 껴안으며 "엄마~ 죄송해용. 저 땜에 못 살면 안 돼용~"이라며 온갖 애교를 부리면서 무장 해제시키는 아이가 그런 부류지요. 그리고 "내가 낳아달라고 했어요?"라며 눈을 치켜뜨고 대드는 아이도 있고요. 그런가 하면 눈물을 뚝뚝 흘리며 세상에서 혼자만 버림받은 것처럼 슬퍼하고 부모를 원망하는 아이도 있는 겁니다.

아이들에게 특히 민감한 영향을 미치는 것은 부정적인 경험입니다. 긍정적인 경험은 일관되게 좋은 영향을 미치지만 부정적인 경험은 그렇지 않습니다. 아이마다 스트레스에 대한 내성, 방어력, 회복력이 다르기 때문이지요. 이는 정확히 예측하기가 어렵습니다. 그렇다면 부모님들은 어떻게 해야 할까요.

다시 양파 실험으로 돌아가보겠습니다. 이번에는 갖은 욕설이 아닌 좋은 음악을 들려주는 온실로 가보지요. 좋은 음악은 기질과 무관하게 모든 양파를 무난하게 잘 자라도록 합니다. 부모님들은 바로 이 점에 주목하셔야 합니다. 어떤 기질의 아이든 좋은 음악—즉 따뜻한 말, 위로의 말, 격려의 말, 공감의 말—을 들으면 잘 자랄 수 있습니다. 물론 어디로 튈지 모르는 예측 불허의 아이를 키우면서 좋은 말만 할 수는 없겠지요. 하지만 훈육의 말도 아이에게 맞춰 얼마든지 좋은 말로 바꿔서 할 수 있습니다. "내가 너 때문에 못 살아!"라는 말이 절로 나오는 상황이라고 가정해볼까요. 자존심 강한 아이에겐 "네가 잘 판단할 거라 믿는다", 같은 말을 하고 또 하게 만드는 말썽쟁이나 부모님의 인내를 시험하는 아이에게는 "다시 한 번 노력해보자" 등으로 말을 바꿔보는 겁니다. 아이에게 훈육의 말을 할 때는 반드시 지켜야 할 세 가지 주의 사항이 있습니다.

첫째, 성질 내지 마세요. 부모님도 사람이기에 성질이 나겠지만 아이와 똑같이 아이한테 화를 내고 소리를 지르는 것도 실은 다 아이가 잘되길 바라는 마음에서겠지요. 그렇다면 최대한 잘 자랄 수 있는 방법으로 공을 들여야 합니다. 욱하고 화내고 소리 지르는 순간 공든 탑은 와르르 무너지고 맙니다. 큰소리 대신 나지막한 목소리로, 화내는 대신 이성적으로, 욱하는 대신 차분하게 말하는 것이 아이와 싸우지 않고 훈육의 메시지를 효과적으로 전달하는 비법입니다. 아이에게 모진 말을 해놓고 뒤돌아서 죄책감을 가져봐야 아무런 소용이 없습니다. 화를 낸 다음 후회하는 마음이 진실이라면 아이 앞에서 한 번 더 인내하고, 한 번 더 말을 다듬는 수련을 하셔야 합니다.

아이들은 저마다 부모의 말을 다 다르게 받아들입니다. 그러나 어떤 아이든지 잘 받아들이는 말이 있다고 했지요. 바로 온기가 담긴 말입니다. 양파 실험에서도 입증됐듯 좋은 환경은 기질에 관계없이 긍정적인 영향을 줍니다. 부모의 말은 언제나 향기로운 존중의 말이어야 합니다. 존중의 말은 존댓말의 형식이어도 좋고 반말이어도 좋습니다. 단 '너를 존중한다'는 의미가 반드시 담겨 있어야 하지요. 강압적인 말, 호통치는 말, 일방적인 말이 아닌 진심을 담아 서로 주고받는 말이면 그것이 바로 아이를 존중하는 말입니다. 존중은 어떤 아이든 잘 자라게 하는 마법의 양분임을 잊지 마세요.

# 말은 인격의 바로미터

### 지인이 엄마와 인영이가 가르쳐준 교훈

부모 교육 특강을 위해 한 유치원을 찾았습니다. 특강에 앞서 원장 선생님과 이런저런 대화를 나누던 중 재미있는 이야기를 듣게 됐습니다.

어느 날 오전, 원장실로 전화가 한 통 걸려 왔습니다.
"안녕하세요. 전 지인이 엄마입니다. 원장 선생님께서 가정 통신문을 직접 작성하신다기에 실례를 무릅쓰고요."

'실례를 무릅쓰고'라는 말에 원장 선생님은 절로 미소를 지었습니다. 사실 지인이 엄마는 일본에서 살다 온 재일 교포 2세였습니다. 하지만 우리말 실력이 좋을 뿐 아니라 요즘 젊은 엄마들에게서 들어보기 힘든 정중한 말씨가 두드러졌지요. 최근 '실례를 무릅쓰고'란 말을 들어본 적이 언제였던가 생각하며 원장 선생님은 이어질 말을 기다렸습니다. 이른바 '컴플레인'을 하기 위한 전화임을 알면서도 전혀 불편하지 않았습니다.

"원장 선생님, 그럼 말씀드리겠습니다. 혹여 제가 드리는 말씀에 오해는 없으셨으면 합니다."

"아무렴요. 어서 말씀하세요."

"네. 다름이 아니라 지난 주 식단에 육개장이 육계장이라고 쓰여 있었어요. 이번 주에는 닭개장이 닭계장이라고 인쇄돼 있었고요. 아무래도 실수라기보다는 잘못된 표기가 사용되는 것 같아 발견한 제가 알려드리는 게 도리라고 생각했습니다."

이렇게 정중하고 예의 바른 학부모를 둔 유치원을 운영한다는 데 큰 보람을 느낀다는 일화를 들려주며 원장 선생님은 다음과 같이 말을 맺었습니다.

"박사님, 오늘 부모 교육 잘 부탁드려요. 저희가 이렇게 훌륭한 학부모님을 둔 유치원이에요."

이 이야기를 들으면서 동시에 강의 시간에 깊은 인상을 남겼던 한 학생이 떠올랐습니다.


어느 날 오후, 2학년 대상의 수업을 마무리하며 다음 시간까지 제출할 리포트 주제를 소개할 때였습니다. 수업 시간이 끝날 즈음이니 아무래도 다소 어수선한 분위기였지요. 강의실 한쪽에서 누군가 갑자기 손을 번쩍 들었습니다. 인영이었습니다.

"교수님! 제가 귀가 어두워서 잘 못 들었어요. 다시 한 번 말씀해주세요!"

순간 강의실은 웃음바다가 됐습니다. 스물한 살 여학생이 '귀가 어둡다'고 하니 영 어색했기 때문이지요. 하지만 저는 그때 그 학생을 다시 보았습니다. 말에 신중함이 배어 있었거든요. 이런 학생이라면 훗날 현장에서 교사로 일할 때 아이들에게 진정한 '확산적 질문'을 하고, 아이들의 대답에 성심껏 귀를 기울이며 정성을 가득 담아 대답해줄 수 있을 것 같았습니다. 아이가 기어 들어가는 목소리로 말을 하더라도 "뭐라고? 그렇게 작은 소리로 말하면 안 들리잖니"라며 면박을 주지도 않겠지요. 수줍음을 많이 타는 아이가 기껏 용기를 내어 뭔가를 말하는데 선생님이 이런 반응을 보이면 아이는 아예 용기를 잃고 마음을 닫아버릴 수도 있거든요. 한바탕 웃음이 가라앉은 뒤 저는 이렇게 말했습니다.

"인영아, 오늘 인영이가 귀한 감동을 줬구나. 자기가 못 들은 내용을 내 탓이라고 얘기하는 것은 대단한 용기거든. 보통 안 들린다거나 못 들었으니 다시 말해달라고 하잖니. 물론 그것이 나쁜 말은 아니지만 유아 교사라면 인영이처럼 말하는 습관을 가지는 편이 좋을 것 같다. 인영아, 선생님도 다음엔 정확하게 좀 더 큰 소리로 말하도록 할게."

그날 학생들은 예정에 없던 '나 전달법(I-Message, 주체를 '나'로 삼아 메시지를 부드럽게 전달하는 방법)'을 배우는 귀한 기회를 얻었습니다. 그리고 내친김에 리포트 주제를 '유아의 말에 대한 교사의 바람직한 반응'으로 변경했지요.


## 말하기에도 맞춤법이 있다


'안성맞춤'이라는 관용어가 있습니다. 조선 시대 경기도 안성에서 맞춤 제작한 유기가 세간의 인기를 끌면서 생긴 말로 '마음에 쏙 드는 물건'을 비유해서 쓰이게 됐지요. 사실 '맞춤'이라는 단어는 꼭 물건뿐만 아니라 여러 상황에 두루 사용할 수 있습니다. 네 말이 맞다, 날씨가 소풍 가기에 딱 맞다, 옷이 잘 맞는다, 그와 마음이 잘 맞는다 등이 되겠지요. 쓰임은 다르지만 '맞다'는 어긋남이 없다는 의미며, 이는 삶을 행복하게 만들어줍니다.

말과 글에도 소통에 어긋남을 없애기 위한 장치가 있습니다. 바로 '맞춤법'입니다. 교과 과정이 수십 번 바뀌어도 받아쓰기만큼은 초등학교 교육 현장에서 건재합니다. 어려서부터 올바른 받침, 띄어쓰기, 문장 부호 등을 배우고 익히게 해서 제대로 된 소통의 기술이 몸에 배도록 하기 위한 것입니다.

앞서 소개한 유치원 일화에서 지인이 엄마가 지적한 내용이 바로 맞춤법의 오류였지요. 맞춤법은 신뢰를 좌우합니다. 제아무리 이름난 식당이라도 메뉴에 오탈자가 있으면 믿음이 확 떨어집니다. 소위 잘나가는 사람의 SNS에서 황당한 맞춤법이 발견되면 그 사람의 역량에 대해 의문을 품게 될 수밖에 없습니다. 맞춤법 오류를 지적하면 속칭 '꼰대질'이라고 여기는 이들도 적지 않습니다. 언젠가 모 대통령 생가를 방문했을 때였습니다. 안내문에 표기법이 틀린 것을 보고 담당자를 찾아 그 사실을 알렸습니다. 그런데 당황스럽게도 담당자의 표정은 '실수를 찾아주셔서 감사합니다'가 아닌 '당신 선생이지'라고 이야기하는 듯하더군요.

언어는 약속입니다. 맞춤법을 지키는 것은 소통의 기본이지요. 어린아이들도 맞춤법을 배우고 받아쓰기를 연습하며 이를 지키고자 온 힘을 쏟는데, 부모를 비롯한 어른들이 이를 소홀히 해서는 안 될 것입니다.

사실 정식으로 가리키는 말은 없지만 말하기에도 '맞춤법'이 있습니다. 앞서 언급했던 일화를 다시 살펴보겠습니다. 일본에서 오래 살았던 지인이 엄마는 한국어 공부에 많은 시간과 노력을 기울였다고 합니다. 아이에게 바른 말을 하라고 가르치면서 정작 엄마가 그렇게 하지 못하는 건 문제라고 여겼기 때문이지요. 지인이 엄마는 자녀에게 바람직한 언어의 롤 모델이 무엇인지 확실히 알려주고 있었습니다. 특히 '안성맞춤 말본새'를 제대로 보여줬지요. 만약 지인이 엄마가 이렇게 말했다면 어땠을까요.

"원장 선생님, 유아 교육 기관에서 한두 번도 아니고 이렇게 여러 번 맞춤법을 실수하는 건 정말 아니라고 봅니다. 다른 엄마들도 이는 원의 수준 문제라고 생각하고 있어요."

아무리 의도가 옳다고 해도 실수를 과장하고 다른 사람까지 엮어서 상대를 힐난한다면 원래의 의도까지 왜곡되기 쉽습니다. 말에는 그 사람의 인격이 담겨 있거든요. 인격적인 소통은 상대의 실수를 지적할 때도 정중함과 배려를 잃지 않습니다. 정중하게 메시지를 전하고 상대를 탓하는 대신 '나'의 문제로 돌려 이야기하는 것이 인격을 담은 언어입니다. 인영이의 경우도 마찬가지입니다. 상대를 배려하면서도 정확하게 자신의 의사를 표현했지요.

어린아이를 돌보는 부모나 교사의 말은 달라야 합니다. 상대를 존중하고 배려하는 인격적인 언어를 사용해야겠지요. 형식은 경어라도 상대를 배려하지 않는다면 그것은 진정한 의미에서의 존댓말이 될 수 없습니다.

"뭐라고? 목소리가 그렇게 작아서 어떡하니?"

대뜸 비난조로 시작해 부정적인 낙인으로 마무리하는 잔소리를 들은 아이가 과연 엄마의 진심(아이를 걱정하고 잘되기를 바라는 마음)을 기꺼이 알고 받아들일 수 있을까요?

"엄마가 잘 못 들었단다. 미안하지만 다시 말해주겠니?"

같은 의도를 담고 있지만 전혀 다르게 들리지요. 자녀를 예의 바르고 말본새가 훌륭한 아이로 키우고 싶다면 부모님이 먼저 '말본'이 되어주세요. 지인이 엄마나 인영이처럼 상대의 감정을 상하게 하지 않으면서도 자신의 본뜻을 제대로 전달하는 표현을 많이 들려주셨으면 합니다.

## 좋은 말버릇을 키우는 방법

1. 상대의 말을 바로 받아치는 대신 잠시 생각을 한 후에 대응하는 습관을 들이도록 도와주세요.

2. 상대가 말하는 도중에 말허리를 자르지 않도록 주의를 시켜주세요.

3. 상대와 의견이 달라도 일단 경청의 표시를 한 다음에 자신의 의견을 말하도록 가르쳐주세요. "무슨 말인지 잘 들었어. 내 생각은~" 이런 표현이면 좋겠지요.

4. "그게 아니라~"라는 말로 이야기를 시작하지 않도록 도와주세요. 이런 말머리는 상대의 의견을 무시하는 느낌뿐만 아니라 편협하다는 인상까지 주게 됩니다.

5. 투덜거리는 말투는 버리도록 해주세요. 불평하는 말투 및 말을 하면서 한숨을 쉬는 태도는 부정적인 인상을 줄 수 있습니다. 평소 아이가 말하는 태도에 관심을 갖고 고쳐야 할 말버릇이 있다면 자연스럽게 수정해주세요.

# 명품 언어가 명품 인생을 만든다

## 만땅과 복불복

한 유치원의 6세 반 교실. 역할 영역 시간에 '주유소 놀이'가 한 창입니다. 그날 아침 이야기 나누기 주제가 '교통 기관'이었던 터라 가뜩이나 자동차를 좋아하는 남자아이들이 한층 신이 났습니다. 운전자 역할의 민우가 주유소에 도착합니다.

"어서 오십쇼~"

주유소 직원을 맡은 채빈이가 큰 소리로 인사합니다. 민우는 자동차 유리창을 여는 시늉까지 하며 호기롭게 말합니다.





채빈이는 눈을 끔벅이며 되묻습니다.

"네? 손님, 다시 말씀해주세요."

"만땅 넣으라구요."

"만땅요?"

"야, 한채빈! 넌 만땅도 모르냐?"

눈살을 찌푸린 민우가 역할 놀이를 갑자기 중단하고 채빈이에게 면박을 줍니다.

"그게 뭔데?"

"기름 넣을 때는 그렇게 말하는 거야."

채빈이는 고개를 갸웃거리며 선생님께 도움을 청합니다.

"선생님, 만땅이 뭐예요?"


같은 유치원의 7세 반 아이들은 언어 교구를 가지고 놀이 중입니다. 주사위를 던져 나온 숫자만큼 말판에서 말을 이동해 그림과 글자를 연결하는 활동입니다. 혜승이가 주사위를 던지자 '제자리'라는 글자가 나옵니다. 다음 칸으로 이동할 수 없다는 뜻입니다.

"아이, 아쉽다."

함께 놀이를 하던 승민이는 이렇게 대꾸합니다.



일곱 살 아이의 입에서 튀어나온 어려운 '문자'에 곁에 있던 선생님이 귀를 기울입니다. 잠시 후 승민이의 목소리가 높아집니다. 아마 혜승이가 반칙을 한 모양입니다.

"혜승이 너, 그러다 일절 없을 줄 알아."

선생님이 개입할 시점이지요.

"승민아, 지금 한 말이 무슨 뜻이에요?"

선생님은 승민이가 과연 말뜻을 제대로 알고 말한 것인지 궁금합니다.

"선생님, 그것도 모르세요? 국물도 없다는 뜻이잖아요."

실제 유치원에서 있었던 일들입니다. 직업상 유치원이나 초등학교를 찾을 일이 많은데, 그때마다 우리 아이들의 언어 사용에 깜짝깜짝 놀라곤 합니다. 한 초등학교에서는 이런 일도 있었지요.

"야, 오늘 급식 닭도리탕, 정말 우웩이더라."

"왜?"

"닭은 없고 당근에 감자에 온통 야채투성이더라고. 그게 닭도리탕이냐? 야채도리탕이지."

점심 급식 후 아이들은 그날의 메뉴를 두고 시끌벅적 대화를 나누며 계단을 내려가고 있었습니다.

"애들아. 잘 들어봐. '도리'는 일본어로 '새'란다. '닭'이라는 뜻도 있지. 그러니 '닭도리'는 틀린 말이겠지? 더군다나 '도리'는 일본어의 잔재니까 쓰지 말아야지. 앞으로는 '닭볶음탕'이라고 하면 좋겠다. 그리고 '야채'도 일본어식 표현이니 '채소'라는 말로 바꾸면 어떨까?"

안타까운 마음에 위와 같이 바른 말을 가르쳐주고 싶었지만 아이들은 벌써 운동장으로 몰려 나간 뒤였지요. 과연 누가 이 아이들의 말을 바로잡아줄 수 있을까요?


반기문 UN 사무총장은 이른바 '고급 영어'를 구사하는 것으로 유명합니다. 발음은 원어민과 차이가 있지만 세련된 어휘와 간결하고 유창한 표현으로 국제 무대에서 높은 평가를 받고 있지요. 외국어 학원에 등록하면 대부분 초급·중급·고급 단계 중 하나에 속하게 됩니다. 여기서 '고급 단계'란 그저 하고 싶은 말을 술술 할 수 있는 수준이 아닙니다. 품위와 격식, 지성과 격조를 바탕으로 설득력을 갖춘 고도의 의사소통 수준을 가리키지요. 어디 외국어뿐인가요. 모국어의 수준도 천차만별입니다. 정중하면서도 품격을 갖춘, 동시에 상대의 마음을 움직이는 언어는 고급 중의 고급, 가히 '명품 언어'라 할 수 있습니다.

아이들은 모방의 천재입니다. 어른들이 인식하지도 못하는 사이에 어른의 언어와 행동을 따라 하지요. "저런 걸 대체 언제 배웠지?"라는 감탄이 절로 나올 정도입니다. 아이가 명품 언어 사용자가 되느냐, 그렇지 않느냐는 전적으로 부모님에게 달려 있습니다. 부모님의 언어 사용이 아이의 언어에 직접적인 영향을 미치기 때문이지요. 아이들은 가정에서 들은 말을 그대로 사용하는 경우가 많습니다. 부모님이 무의식중에 내뱉은 말들이 고스란히 판박이처럼 옮겨집니다. 앞서 등장한 '만땅 민우'의 담임선생님이 상담 시간에 민우 어머니에게 놀이 시간에 있었던 일을 이야기하자 어머니는 이렇게 말했다고 합니다.

"어머, 그럴 리가요. 아빠도 그런 말을 쓴 기억이 없는데 이상하네요. 그리고 걔가 만땅 주유하는 걸 언제 그렇게 봤다고……."

하지만 아이들은 인상 깊게 들은 단어를 정확한 의미도 모르는 채 사용하는 일이 비일비재합니다. 특히 '복불복 승민이'처럼 조부모의 손에서 자라는 경우 다소 예스러우면서도 어려운 표현을 곧잘 쓰곤 하지요.

부모는 아이의 처음이자 가장 중요한 언어 교사입니다. 일본어의 잔재가 확실한 말은 의식적으로 사용하지 않고 순화된 말을 쓰도록 세심히 노력해야겠지요. 많은 사람들이 우리말을 바르게 사용한다면 우리말은 자연스럽게 힘을 얻고 가치가 높아질 겁니다. 그런 의미에서 저는 출산 준비 항목에 부모의 바른 말 고운 말 연습이 꼭 필요하다고 강조합니다. 자녀를 잉태해 예비 부모가 되는 순간부터 언어를 다듬고 순화하는 노력을 시작해야 합니다.

'만땅'보다는 '가득'이란 말이 훨씬 자연스럽습니다. '다마네기' 대신 '양파'라는 예쁜 우리말이 있지요. '야채'보다는 '채소'가 우리 정서에 더 가깝습니다. '야채샐러드'처럼 야채가 오히려 더 익숙한 경우도 있지만 노력에 따라 얼마든지 바꿀 수 있습니다. 언어는 사용에 따라 생명력을 얻기도, 잃기도 하기 때문이지요.

더불어 아이의 언어 확장을 돕는 어휘를 다양하게 들려주시길 권합니다. 이를 테면 '기름을 넣다'와 '주유하다'를 두루 사용하는 거지요. 물론 '주유'가 어려운 한자어이긴 하지만 아이들이 '주유소'라는 단어를 익숙하게 사용하니 '주유하다'도 얼마든지 받아들일 수 있습니다. 어려운 단어나 용어를 아이의 수준에 맞춰 쉽게 풀어 설명하는 것도 부모의 역할이지만 아이의 수준보다 다소 높은 어휘를 꾸준히 들려주며 그 수준을 도약시키는 것 또한 중요한 과업입니다.

## 언어 교육의 밑바탕, 역지사지(易地思之)



아파트 놀이터에서 초등학교 고학년쯤 되어 보이는 남자아이 둘이 투닥거리는 광경을 보았습니다. 아마도 아버지가 일을 관둔 것이 속상했던 B에겐 A가 말한 '장사'라는 단어가 귀에 거슬렸나 봅니다. 게다가 아버지가 건물을 사서 다른 사업을 할 거라고 말하는 것을 보면 그게 사실이든 아니든 '월세'라는 말에도 기분이 상한 것 같았지요. 장사, 사업, 비즈니스. 의미는 모두 같지만 단어가 주는 느낌은 사뭇 다릅니다. 아마도 B는 '장사'와 '월세'라는 단어에서 비하의 속내를 읽었을 테지요. 말을 할 때는 단어에 내포된 사회적 뉘앙스에 주의를 기울여야 합니다. 상황에 따라 당연히 뉘앙스는 달라집니다. 때와 장소, 미묘한 상황에 맞춰 가장 적절한 어휘를 자유자재로 구사하는 것이야말로 '명품 언어'의 비법이지요. 아이가 상황과 상대방의 입장을 고려해 적절한 어휘, 나아가 화제를 선택해 말할 수 있도록 도와주세요. 물론 여기에서도 '역지사지'의 마음과 배려는 기본이 되어야 합니다.

위의 상황에서 A는 친구 아버지의 사업 실패를 화제로 삼는 것이 적절하지 않다는 것을 알았어야 합니다. 설령 그것이 사실이라 할지라도 상대방의 기분을 전혀 배려하지 않는 행동이니 말이지요. 아마도 그 원인은 A의 부모님일 가능성이 큽니다. 그러니 부모님들은 아이 앞에서 다른 사람에 대해 이야기할 때 더욱더 신중해야 합니다.

초등학교 4학년 담임을 맡고 있는 후배에게 이런 이야기를 들은 적이 있습니다. 어느 날 한 여자아이가 갑자기 울음을 터뜨리며 교실을 뛰쳐나갔습니다. 상황을 물어보니 한 아이가 다른 아이들에게 "얘네 부모님 이혼했대. 완전히 갈라섰대"라고 이야기를 하고 다녔다는 거지요. 후배는 소문을 냈다는 아이를 불러 자초지종을 물었습니다. 그랬더니 아이가 "우리 엄마가 그러던데요?"라며 오히려 더 당당했다더군요. 사실 그 여자아이의 부모는 직업상 주말 부부로 지내고 있었습니다. 그런데 학부모들 사이에서 이혼이라고 와전이 된 것이지요. 그게 사실이건 아니건 다른 사람의 아픈 가정사를 아이 앞에서 아무렇지도 않게 내뱉고 '갈라섰다'는 말까지 스스럼없이 했다니, 그 어머니는 고급 언어는 고사하고 저급 언어를 아이에게 가르치고 있는 셈입니다.

반면 유치원에서 근무하는 또 다른 후배는 아주 기분 좋은 일화

를 들려줬습니다. 2년 전 자신이 담임을 맡았던 승연이와 그 엄마
가 음료수를 가지고 유치원에 들렀다고 합니다.

"선생님 따님도 OO초등학교에 다니지요? 우리 아이가 이번에
같은 반이 됐대요. 지나는 길에 딸아이가 선생님을 뵙고 싶다고 해
서 잠깐 들렀어요."

승연이가 엄마에게 물었습니다.

"엄마, 왜 소민이를 선생님 따님이라고 해?"

"예전에 네 선생님이셨고 또 엄마가 존경하는 선생님이시니까
소민이를 선생님 따님이라고 하는 거야."


아이가 언어를 익히는 '골든타임'은 태어나서 10년 정도입니다.
아이가 열 살이 될 때까지 부모님이 말에 특히 신중을 기하셔야 한
다는 의미지요. 바로 그 10년이 아이가 평생 명품 언어를 사용하느
냐 마느냐를 좌우합니다. 누군가 이런 말을 했습니다.

"명품을 걸쳐 명품이 되려고 하지 마라. 나 자신이 명품이 되면
내가 가진 모든 것이 명품이 된다."

상대를 존중하는 말, 상대의 입장을 배려하는 말, 상황에 어울리
는 품위 있는 말이 다름 아닌 명품 언어입니다. 그리고 명품 인생을
만드는 가장 확실한 투자가 바로 명품 언어 교육임을 꼭 기억하시
길 바랍니다.

## 낮말은 새가 듣고 부모 말은 아이가 듣는다

어느 토요일 오전, 한 엄마가 남매를 데리고 카페에 들어섭니다. 누나는 초등학교 1,2학년, 동생은 6살 정도 되었을까요. 세련된 동안 외모의 엄마와 커플 룩을 예쁘게 맞춰 입은 아이들은 그야말로 잡지에서 튀어나온 듯 눈길을 끌었습니다. 한쪽에 자리 잡은 엄마는 커다란 가방에서 영어 동화책을 여러 권 꺼내 아이들 앞에 각각 두 권씩 밀어 놓습니다.

"엄마, 한 권만 보면 안 돼요?"

"아냐. 지난번처럼 한 권 가지고 질질 끌면 곤란하니 시간을 재면서 읽자."

엄마는 메뉴판을 살피며 물었습니다.

"자, 뭐 먹을래? 지훈이 너는 밥을 먹다 말았으니까 샌드위치. 지수는?"

"아니, 엄마. 난 핫초코 먹을래요."

"안 돼, 지훈. 너무 달아."

엄마는 아들의 말을 딱 자르곤 딸이 뭐라 말하기도 전에 주문하는 곳으로 갔습니다. 남매는 동시에 한숨을 내쉬곤 책을 펼칩니다. "Long long time ago, there was~" 영어 발음이 놀랄 만큼 매끄럽습니다. 주문을 마치고 돌아온 엄마는 남매의 책읽기를 점검합니다.

엄마의 발음 역시 원어민 수준입니다.

"지수, 이제 곧 선생님이 오니까 서둘러 리뷰 써. 그런데 니네 선생님은 또 지각할지 모르니까 한번 확인해봐야겠다."

엄마는 곧장 전화기를 들었지요.

"네, 선생님. 그럼 아직 출발 안 하신 거네요. 30분 정도 늦으신다고 생각하면 될까요? 숙제하고 있을게요. 그럼 이따 뵙겠습니다."

교양 있는 목소리로 통화를 끝내기가 무섭게 엄마의 목소리가 달라집니다.

"내 이럴 줄 알았어. 지수, 니네 선생 너무한 거 아니니? 늦잠을 잤단다. 세상에. 약속을 지키는 법이 없어. 선생을 바꾸든지 해야지 참. 내가 전화 안 했으면 지금까지 계속 잤을 거 아냐!"

아들이 끼어듭니다.

"엄마, 누나 선생님 늦잠 잤대? 누나 선생님 바꿀 거야? 누나 공부 끊어?"

"또 그런다, 또. 너 이따 누나 선생 오면 이런 말 하면 절대 안 돼. 알았지?"

누나는 못 미더운지 동생한테 확인을 합니다.

"너, 진짜 비밀이야. 그런 말 하면 우리 선생님이 나 싫어한단 말이야. 알았지? 그래서 대충 가르치면 어떡해."

위의 상황에서 엄마는 과외 선생님과 통화하는 동안에는 깍듯이 예의를 갖췄지만 통화 후 아이들 앞에서는 교사를 비난했습니다. 엄마의 두 얼굴에 아이들은 혼란을 겪었겠지요. 이런 태도는 아이들에게 이중인격을 경험하게 하는 겁니다. 또한 당사자가 없는 자리에서 그 사람을 비난하는 행동은 아이들의 인격 형성에 좋지 않은 영향을 줍니다. 이런 경우 아이에게는 "선생님께서 좀 늦으신다는구나. 오시는 동안 공부하고 있자" 정도로 말을 했더라면 좋았겠지요. 또한 선생님이 약속을 지키지 않는 것이 마음에 들지 않는다면 선생님에게 직접 당당하고 정중하게 이야기를 해야 합니다. 불평이나 문제는 '뒷담화'가 아닌 '대화'를 통해 제기해야 함을 알려줘야지요.

"지수, 니네 선생님 1시간 후에 온다니까 두 권 다 읽고 리뷰 써."

아이에게 일찍부터 영어 공부를 시킬 만큼 언어 교육에 공을 들이는 엄마가 우리말의 제대로 된 사용은 무시하고 있었습니다. 외국어를 잘하기 위해서 탄탄한 모국어가 뒷받침되어야 함은 불문가지입니다. 특히 초등학교 저학년 때는 우리말의 어휘, 문법, 쓰임새, 높임말을 확실히 익히도록 그 바탕을 조성해줘야 합니다. 그래야 완벽한 모국어를 기반으로 언어가 확장될 수 있으니까요.

외국어 실력은 분명 경쟁력입니다. 이 엄마가 토요일 오전 1시간 반 동안 두 아이에게 보인 교육열은 실로 대단했습니다. 쉴 새 없이 발을 꼼지락거리고 틈만 나면 책에서 눈을 돌리는 아이들을 앉혀 놓고 영어 교육에 열을 올리는 인내와 정성만큼은 높이 살 수밖에 없었지요. 하지만 과외 선생님과 통화 후 아이와 나눈 대화는 이 모든 '공(公)'을 '공(空)'으로 돌아가게 했습니다.

"엄마, 누나 선생님 늦잠 잤대?"

아들이 이렇게 물었을 때 엄마는 "그래, 누나 선생님께서 늦잠을 주무셨대"라고 대답했어야 합니다. 또한 '누나 선생 오면'이 아니라 '누나 선생님 오시면'이라고 말했어야 하고 '온다니까'가 아니라 '오신다니까'로 해야 했지요. 더 큰 실수는 선생님을 아이들 앞에서 하대하고 경시하는 태도였습니다. 엄마가 무시하는 선생님을 과연 아이가 존경할 수 있을까요?

곁에서 지켜본 아이들의 엄마는 한마디로 엘리트였습니다. 유창한 영어로 아이들에게 영어와 글로벌 매너를 가르치더군요. 재채기를 하는 아이에게 "God bless you"라는 추임새도 잊지 않았습니다. 상세한 설명까지 곁들이면서요.

"재채기를 할 때는 조심해야 해. 사람을 향해서 재채기를 하는 건 예의가 아니야. 엄마가 알려줬지?"

아이가 샌드위치를 먹으며 쩝쩝거리자 엄마는 또 예의를 언급했습니다.

"먹으면서 쩝쩝거리거나 입에 음식을 넣고 말하는 건 대단한 실례야."

아이들 앞에서 거리낌 없이 말실수를 저지른 엄마가 글로벌 매너를 강조하니 어쩐지 어울리지 않았습니다. 아이들 역시 머지않아 엄마의 모순을 알아차리겠지요. 엄마는 진짜 매너란 존중과 배려에서 우러나와야 하며, 존댓말은 매너의 제1척도라는 사실을 간과하고 있었습니다.


우리 아이들은 앞으로 세계인과 더불어 자연스럽게 살아가게 될 겁니다. 여기서 잊지 말아야 할 것은 우리 또한 세계에 속해 있다는 사실입니다. 굳이 순서를 정하자면 먼저 내 것을 알고, 그다음에 세계를 가르치는 게 자연스럽습니다. 지피지기의 원칙은 예의범절에도 적용됩니다.

외국 여행을 하다 보면 서양인들이 일본인을 가리켜 'Polite(예의 바른)'라는 수식어를 빈번하게 사용하는 경우를 보게 됩니다. 글로벌 무대에서 일본인의 매너는 한국인보다 몇 수 위입니다. 'すみません(미안합니다)'으로 대변되는 일본인의 매너는 인정하지 않을 수가 없지요. 그런데 생각해보면 우리의 예절이 일본보다 뒤질 게 없

습니다. 정중한 목례, 공손하게 두 손으로 물건 주고받기, 깍듯한 존댓말 등 어디 내놔도 손색없는 예절 문화가 있으니까요.

우리는 흔히 스스로를 엘리베이터에서 마주쳐도 인사를 잘 하지 않는 무뚝뚝한 한국인이라고 폄하하지요. 예로부터 우리 문화는 조용하고 고요한 내면의 아름다움을 강조했습니다. 그 강점을 살리면 얼마든지 우리 정서에 맞는 현대적 매너를 확립할 수 있지요. 엘리베이터에서 웃으며 인사를 주고받는 것이 어색하다면 상대를 바라보고 가볍게 목례를 하면 됩니다. 굳이 어색함을 무릅쓰고 '안녕하세요'라는 인사말을 나누지 않아도 된다는 뜻이지요. 내향성과 외향성은 어느 한쪽이 우월한 가치가 아닙니다. 서양식 매너를 답습하기보다는 우리 문화의 특징을 보완하고 현대화하려는 노력이 훨씬 효율적이지요.

무심코 던진 부모님의 한마디는 아이의 NQ(Network Quotient, 인맥지수)에도 영향을 미칩니다. 부모님의 말에 독이 있으면 아이의 인성과 인격이 비뚤게 자라납니다. 그러니 아이 앞에서 다른 사람을 험담하지 마세요. 대신 다른 사람의 장점을 찾아 칭찬하는 모습을 보여주세요. 부모님의 말이 아이의 말이자 인격이 됩니다. 아이가 친구의 뒷말을 하고 다닌다면 그 아이는 친구들 사이에서 고립을 면할 수 없습니다.

"니네 선생 너무한 거 아니니?"라는 말을 들은 아이가 '너무한 선생'에게 무엇을 배울 수 있을까요. 선생님을 대하는 아이의 마음이 편할 리 없고, 자칫 아이도 선생님을 무시할 수 있습니다. 물론 부모님이 원하는 학습 효과도 얻기 어렵겠지요. 지금 이 순간에도 아이는 어디선가 부모님의 말을 듣고 있습니다. 다른 사람을 존중하는 부모님의 말이 아이의 마음을 따뜻하게 합니다. 존중과 배려, 감사와 사랑이 담긴 말, 그런 말이 아이의 인품을 무럭무럭 자라게 합니다.

일상적으로 자연스럽게 존댓말의 올바른 사용법을 알려줘야 합니다. 세 치 혀가 사람을 죽이는 칼날이 될 수도 있고, 사람을 살리는 구원자가 될 수도 있음을 알려주세요. 그리고 존댓말은 상대를 기분 좋게 하는 말이고, 사람과 사람을 행복하게 이어주는 사랑의 말임을 느낄 수 있도록 언제나 적극적으로 표현해주세요.

# 내 아이를 위한 존댓말

# 밥상머리에서 아이가 자란다

## 우리 가족의 밥상, 안녕한가요

"내 이름은 김○○이야. 나는 □□ 아파트에 살아. 우리 집에는 엄마, 아빠, 나, 동생 이렇게 네 식구가 살아."

아이들에게 자기소개를 시키면 약속이라도 한 듯 이름, 사는 곳, 식구 수를 이야기합니다. 집집마다 다르지만 식구 수는 대게 3~5명 안팎이지요. 그런데 엄밀히 따져보면 보통 말하는 식구 수와 실제 식구 수에는 차이가 있을 겁니다.

'식구(食口)'의 사전적 정의는 '한집에 살면서 끼니를 같이하는 사람'입니다. 하지만 바쁜 일상에 가족이 끼니를 같이하기란 어디 쉽던가요. 아침에는 출근하는 아빠 따로, 식사를 준비하고 치우는 엄마 따로, 등교(등원)하는 아이들 따로 밥을 먹는 것이 흔한 풍경입니다. 그리고 점심에는 각자 속한 곳에서 끼니를 해결하고 저녁에는 귀가한 순서대로 밥을 먹곤 하지요. 온 식구가 식탁에 마주 앉는 일은 기껏해야 주말 몇 끼, 정말 손에 꼽을 정도입니다. 가족의 '각개식사'는 아이가 자랄수록 그 빈도가 점점 늘어납니다.

이 같은 경향은 통계로도 분명히 확인됩니다. 보건복지부와 질병관리본부가 발표한 '2013년도 국민건강통계'에 따르면 우리나라 국민 중 가족과 함께 아침 식사를 하는 사람의 비율은 46.1%에 불과했습니다. 저녁 식사를 함께하는 비율도 65.1%에 그쳤지요. 두 집 중 한 집은 가족과 함께 식사를 하지 않는다는 뜻입니다. 이 수치는 조사를 처음 시작한 2005년 각각 63%, 76%에서 계속 떨어지고 있습니다. '식구'의 진정한 의미가 점점 퇴색되고 있는 것이지요. '식구'보다는 '동거인'이라는 표현이 어울린다고나 할까요.

『시가 있는 밥상』의 저자 오인태 시인은 '밥을 함께 먹는다는 건 삶을 같이한다는 것'이라고 노래했습니다. '함께 먹는 밥'의 의미를 이보다 잘 드러낸 문장이 어디에 또 있을까요. 같이 밥을 먹다 보면 이런저런 대화를 나누면서 서로의 일상과 생각을 공유하게 됩니다.

서로의 삶에 관심을 갖고 소통하게 되지요. 부모가 나누는 대화, 그리고 부모와 나누는 대화를 통해 아이들은 부모의 가치관을 자연스럽게 흡수하고 삶의 양식을 배워갑니다. 우리 가족만의 특별한 인생 교실이라고 할 수 있지요. 다시 말해 동반 식사가 사라진다는 것은 인생 교실 또한 사라진다는 뜻입니다.

◆ 만 3세 유아가 독서를 통해서는 140개 정도의 단어를 익힌 반면, ○○○○을/를 통해서는 1,000개를 넘게 익힙니다.

◆ ○○○○을/를 자주 한 대학생은 A 또는 B학점 비율이 그렇지 않은 학생보다 10% 이상 높습니다.

◆ ○○○○을/를 많이 한 학생일수록 흡연과 음주 비율이 낮아집니다.

○○○○에 들어갈 말은 무엇일까요? 바로 '가족 식사'입니다. 미국 하버드대학교와 컬럼비아대학교의 연구 결과지요. 가족 식사에서 이뤄지는 대화가 아이들의 지능과 정서 발달에 큰 도움을 준다는 것입니다. 이른바 '밥상머리 교육'의 힘을 보여주는 연구지요. 식사 시간에 가족이 나누는 대화야말로 아이들의 지능(좌뇌)과 정서 발달(우뇌)에 최고의 양분이 됩니다.

최근 우리나라에서도 여러 매체를 통해 밥상머리 교육이 조명되면서 부모님들이 그 중요성을 인식하기 시작했습니다. 하지만 이를 실천할 때 자칫 빠지기 쉬운 함정이 있습니다. 많은 부모님들이 밥을 함께 먹는 '시간'이 아닌 '교육'에 무게를 싣고 있다는 점이지요. '밥상머리 인생 교실'은 부모님이 선생님이고 자녀가 학생인 주입식 학교가 아닙니다. 대화를 통해 부모님의 내면이 자연스럽게 전수되는 하나의 장이지요. 위의 연구에 참여한 학생들이 밥을 먹으면서 '나중에 커서 술 마시지 마라', '담배는 몸에 해로우니 커서도 피우지 마라'는 식의 교육을 받았을까요? 단언컨대 그럴 리 없습니다. 아마도 가족이 한데 어울려 나누는 따뜻하고 즐거운 대화를 통해 자신, 인간, 나아가 세상에 대한 존중을 익혔을 테지요.

세계적인 대부호이자 기부 왕으로 이름난 빌 게이츠(Bill Gates)는 가족 간 유대를 중시하는 미국의 평범한 중산층 가정에서 자랐습니다. 그의 부친은 변호사로 일하며 굉장히 바빴지만 저녁 식사만큼은 반드시 온 가족과 함께했다고 합니다. 식탁에서 풍성한 대화가 이뤄지려면 기본적으로 가족이 화목해야 함은 물론, 가족 간 지적·정서적 교류가 활발하고 서로 존중하는 분위기가 형성되어야 합니다. 평소 데면데면 지내다가 식탁에 앉았다고 해서 갑자기 할 말이 쏟아질 리는 없겠지요.

이쯤에서 가족이 서로 존중하고 소통하는 문화를 존댓말과 연결하고 싶습니다. 존댓말은 단순히 '시'를 넣거나, '요'를 붙이는 것이 아니라고 앞서 여러 차례 강조했지요. 존댓말은 형식을 갖추는 것보다 존중하는 마음을 담는 것이 훨씬 중요합니다.



엄마가 눈을 치켜뜨고 싸늘한 말투로 아이에게 이렇게 말했다면 이것이 과연 존댓말일까요? 밥상머리 교육의 핵심은 '말'입니다. 서로를 존중하고 배려하는 마음이 담긴 말, 경청과 공감, 격려와 응원의 말이 오가도록 해야 합니다. 부정적인 말이나 훈시는 최대한 아껴주세요. 밥상머리가 '이렇게 하지 마라', '저렇게 해라'는 식의 설교가 이어지는 '잔소리 마당'이 되어서는 곤란합니다. 그러면 오히려 밥맛을 떨구고 부모와 자녀 사이를 멀어지게 하는 역효과를 낼 수 있습니다. 서로에게 관심을 갖고 정성껏 묻고 답하는 분위기, 이것이야말로 아이들의 사고력과 창의력을 확장시키는 밥상머리의 진정한 힘입니다.

## 밥상머리에서 시작하는 전인 교육

미국의 대표 명문가인 케네디가(家)는 밥상머리 교육을 이야기할 때 단골 본보기로 꼽힙니다. 존 F. 케네디(John F. Kennedy) 전 대통령의 어머니 로즈 여사는 식사 시간을 가족의 토론 시간으로 활용한 것으로 유명합니다. 두 시간이 넘는 식사 시간 동안 미리 읽은 신문 기사나 책에 대해 의견을 나누도록 한 것입니다. 밥을 먹으며 활발히 의견을 나누는 사이 아이들의 상식과 토론 실력은 자연스럽게 일취월장했지요. 로즈 여사는 식탁에서 오간 대화를 토대로 9남매의 파일을 각각 만들어 삶의 자세, 건강 상태, 장단점을 매일 기록했다고 합니다. 케네디 전 대통령이 토론과 연설에서 탁월한 능력을 발휘한 데는 밥상머리에서 갈고닦은 실력이 밑바탕이 됐음은 두말할 필요가 없지요. 더불어 로즈 여사는 식사 시간을 엄격히 지키도록 했고 시간을 어긴 사람은 식사를 하지 못하게 했다고 합니다. 서로 간의 약속과 시간을 존중하고 그에 대한 책임을 확실히 지게 한 것이지요. 무조건 떠받드는 것이 존중이 아님을 보여주는 훌륭한 사례라고 할 수 있습니다.

우리의 전통적인 명문가에서도 밥상머리에서 자녀들에게 예의와 인성, 배려의 가치를 심어주었습니다. 조선의 사대부 가문에서는 '식시오관(食時五觀, 식사할 때 지켜야 할 다섯 가지)', 즉 '온 가족이 함께 식사하고, 음식을 지나치게 탐하지 않으며, 음식에 대해 감사하고, 함께 나누며, 골고루 먹는다'는 식사 예절을 강조했습니다. 양보와 배려, 기다림과 감사, 절제와 존중의 예(禮)를 전수한 것이지요.

결국 밥상머리 교육은 아이들의 머리(인지 발달, IQ), 가슴(정서 발달, EQ), 발끝(신체 발달, PQ)을 아우르는 전인적인 성장을 뒷받침합니다. 케네디가의 일화에서 보듯 가족 간의 대화는 아이의 생각을 키우고 상식을 넓히며 지식을 확장시킵니다. 부모 입장에서는 아이의 학교생활, 교우 관계를 들으며 내 아이를 더 잘 이해할 수 있게 되지요. 또한 밥상머리 교육은 아이의 감수성을 풍부하게 합니다. 가족과 함께 맛있는 음식을 먹으며 즐겁게 대화를 나눈 아이가 가슴이 따뜻하게 자라나는 건 당연합니다. 가족과 긍정적 관계를 형성하며 사회성 또한 쑥쑥 발달하지요. 그리고 밥상머리 교육은 아이의 건강을 좌우합니다. 영양학계의 연구에 따르면 가족 식사를 많이 한 아이일수록 칼슘과 섬유소 등 성장에 필요한 주요 영양소를 더 많이 섭취하고 탄산음료나 설탕이 든 인스턴트 음식을 적게 먹는다고 합니다. 영양학적으로 균형 잡힌 식사는 당연히 건강한 성장으로 이어지지요.

주중에 온 가족이 함께 식사하기가 도저히 불가능하다면 간식 시간을 갖는 것도 괜찮은 방법입니다. 그리고 주말만큼은 꼭 온 가족이 식사한다는 규칙을 정하고 지켜보는 것도 좋습니다. 단, 이것만은 반드시 기억해주세요.

<u>밥상머리 교육의 핵심은 존중과 경청, 배려와 예의입니다.</u>

밥상머리에서 대화가 활발하려면 가족이 화목해야 합니다.

행복한 가족의 대화는 아이의 좌뇌와 우뇌를 두루 발달시키고 몸과 마음을 건

강하게 합니다.

### 밥상머리 대화법

<자녀에게 말할 때>

**1. 명령형은 피하세요.**

– 골고루 먹어.(X)

– 바른 자세로 먹어.(X)

– 편식하지 마라.(X)

– 꼭꼭 씹어 먹어.(X)

– 남기지 마라.(X)

**2. 우뇌 발달 대화를 나누세요.**

– 오늘 음식 맛은 어때요?

– 학교 급식은 어땠어요? 무엇이 제일 맛있었어요?

– 학교에서 무엇이 가장 즐거웠나요?

– 친구한테 도움 받은 일이 있었나요?

– 가족이 함께하니까 어떤가요?


**3. 좌뇌 발달 질문을 하세요.**

– 오늘 배운 내용 중 무엇이 재밌었어요?

– 어려운 내용은 무엇이 있었어요?


**4. 훈계나 공부 이야기는 식사 후로 미루세요.**

– 숙제는 다 했니?(x)

– 넌 요즘 왜 이렇게 말을 안 듣니?(x)


### 〈부모님끼리 말할 때〉

**1. 서로 무시하는 말은 삼가세요.**

– 당신, 좀 천천히 먹어요. 누가 쫓아와요?(x)

– 이 반찬은 맛이 별로네. 다른 거 없어?(x)


**2. 존중과 감사의 표현을 자주 하세요.**

– 오늘 식탁은 더 근사하네요.

– 함께 식사하니까 참 좋네요.

– 오늘도 수고 많으셨어요.

# 존댓말 고수의 압존법

## 선생은 교무실 갔어요

초등학교 3학년 때였어요. 담임선생님께서 저를 부르시더니 "명희야, 이 분필 5반 선생님께 갖다 드려라"고 하시는 게 아니겠어요? 수줍음을 많이 타는 제게 일부러 심부름 기회를 주신 거였죠. 심장이 어찌나 벌렁거리던지 5반까지 가는 내내 속으로 '선생님, 이 분필 저희 선생님께서 드리래요'라고 수십 번도 더 연습했어요. 5반 교실 문을 두드리니 선생님께서 나오시더군요. 그런데 무슨 영문인지 연습한 보람도 없이 그만 "선생님이 갖다 주래요"라고 해버렸지 뭐예

30년 전 에피소드를 아직까지도 생생히 기억하는 교수님은 아이 기를 살려준답시고 시킨 심부름이 오히려 아이 기를 죽였다며 교사의 말 한마디가 아이에게 엄청난 영향력을 미친다는 결론으로 말을 맺으셨습니다. 저는 이 이야기를 들으며 새삼 '압존법'을 돌아보게 됐습니다.

우리말에서 가장 잘못 쓰이는 높임말이 바로 압존법입니다. 압존법의 사전적 정의는 '문장의 주체가 말하는 이보다 윗사람이지만 듣는 이보다는 낮아 그 주체를 높이지 않는 어법'입니다. 굉장히 복잡하지요. 하지만 예를 들어보면 훨씬 쉽습니다.

가령 할머니가 손자에게 "엄마 집에 있니?"라고 물었다면 "네, 계세요"가 아니라 "네, 있어요"라고 하는 것이 올바른 표현입니다. 또 할아버지에게 "할아버지, 아버지께서 방금 오셨습니다"가 아니라 "할아버지, 아버지가 방금 왔습니다"라고 해야 하지요. 앞서 등장한 일화에서도 5반 선생님께 제대로 말을 전하려면 "선생님, 우리 선생님께서 이거 드리라고 하셨어요" 정도가 적절하겠지요. 역시 복잡합니다. 그래서인지는 모르겠지만 시대가 변하면서 압존법은 상당히 퇴색했습니다. 요즘은 "할아버지, 아버지가 방금 오셨습니다"

라는 표현도 허용되지요.

교장 선생님: 너희 반 선생님 어디 가셨니?
초등학교 2학년 학생: 선생은 교무실 갔어요.


막상 압존법을 사용하려니 상당히 애매합니다. 교장 선생님이 담임선생님보다 직위가 더 높고(물론 이로 인해 권위주의, 계층주의란 말이 나오기도 했지요) 연세도 많으시니 압존법을 엄격하게 적용하면 아홉 살짜리가 담임선생님을 두고 '선생은 교무실 갔어요'라고 해야 하니까요. 학생 입장에서는 교장 선생님뿐만 아니라 담임선생님도 어른이기에 이렇게 말하기란 사실 쉽지 않거든요.

이런 모호한 부분이 인정되어 2011년 국립국어원에서는 『표준 언어 예절』을 통해 주체가 청자보다 직위가 낮더라도 높여 부르는 것이 괜찮다고 허용했습니다. 그렇기 때문에 "선생님은 교무실 가셨어요"라고 대답하면 됩니다. 아이 입장에서는 두 분 모두 존대하는 말을 사용하면 되는 것이지요. 또한 직장에서도 말단 사원이 가장 높은 상사에게 그 아래 상사 이야기를 하는 경우 압존법을 사용하지 않는 것이 일반적입니다.

하지만 압존법을 정확히 알고 취사선택하는 것과 모르고 헤매는 것은 전혀 다른 이야기입니다. 압존법에 통달했다면 사실상 존댓말을 마스터했다고 해도 과언이 아닙니다. 언어는 어렸을 때 습관으로 익히는 부분이 큰 만큼 가정에서 제대로 차근차근 가르치는 게 무엇보다 중요하지요. 언어의 유창성과 독창성은 포기할 수 없는 부분이기 때문입니다.


## 아메리카노는 4,000원이세요

압존법을 이론으로 배우기란 쉽지 않습니다. 심지어 압존법이란 말을 처음 들어본 사람도 적지 않을 겁니다. 하지만 위아래를 따져 예의를 지키는 것은 결코 고리타분한 일이 아닙니다. 위계질서를 지키는 것을 권위주의라고 폄하할 이유도 없지요. 왜냐하면 그 기본 정신은 바로 '존중'이니까요. 압존법이든 겸양법이든 지킬 부분은 지켜야 합니다. "고객님, 66 사이즈는 품절이세요", "아메리카노는 4,000원이세요"처럼 엉뚱한 곳에서 엉터리 사물 존칭이 등장하는 세태를 보면 그 필요성이 더 간절해집니다. 사물 존칭이 범람하는 데는 여러 가지 원인이 있겠지만, 그중에서 가장 큰 원인을 꼽으라면 아마도 정확한 존대법을 모르기 때문이 아닐까요. '에라 복잡하니 무조건 '시'를 붙이자'는 생각에서 이런 현상이 나타나는 것이겠지요.

언어는 고도화된 사고를 담아내는 표현 도구이니만큼 복잡할 수밖에 없습니다. 언어 규약이 복잡하다고 해서 무조건 버린다면 그 안에 담긴 정신과 의미까지 사라지게 되겠지요. 압존법이 아무리 어렵다고 해도 가정에서 부모님이 제대로 본을 보인다면 아이들은 자연스럽게 습득할 수 있습니다.

> 엄마: 유신아, 할아버지 식사하시라고 해요.
>
> 유신: 네, 알았어요.
>
> 유신: (식탁에서 거실 소파에 앉아 계신 할아버지를 향해) 할아버지 밥 먹어요.
>
> 엄마: 얘, 그럼 못 써. 할아버지한테 가서 말해야지.

어딘가 문제가 있어 보입니다. 바르게 고쳐볼까요?

> 엄마: 유신아, 할아버지께 가서 '할아버지 진지 잡수세요' 하고 모시고 오렴.
>
> 유신: 네, 알겠어요.
>
> 유신: (거실 소파에 앉아 계신 할아버지께 가서) 할아버지, 진지 잡수시래요.
>
> 할아버지: 오냐, 그러자.

같은 상황이지만 전혀 느낌이 다릅니다. 두 번째 상황처럼 엄마는 아이에게 구체적으로 할 일을 말해주는 것이 좋습니다. 우선 엄

마는 '할아버지께 가서'라고 말했지요. 어른께는 가까이 가서 말씀
드려야 하는 예의범절을 생활 속에서 가르쳐준 것입니다. 이렇듯
압존법은 일상에서 자연스럽게 사용하면 됩니다. 모국어가 자연스
러운 이유는 부모님으로부터 매일매일 제대로 듣고 배우기 때문이
지요.

어렵다고 버리고, 복잡하다고 버린다면 우리는 수많은 어휘와
고유성을 잃게 될지도 모릅니다. 그리고 새로운 말을 마구잡이로
만들어낸다면 우리말은 질서를 잃고, 더 나아가서는 정체성을 상
실하게 될 겁니다. 물론 신세대의 신조어를 습득하려는 기성세대의
노력도 필요합니다. 세대 차를 좁히는 것 또한 어른 노릇 중 하나
니까요. 하지만 무엇보다 잊지 말아야 할 것은 어른 됨의 중요한 요
소가 '문화의 전수'라는 점입니다. 세대와 세대가 단절되지 않으려
면 말이 통해야 합니다. 신세대가 새롭게 만들어 쓰는 말이 있다면
이해하려고 노력하되 제대로 된 우리말을 들려주고 전수하는 것도
어른들이 해야 할 일입니다. 언어는 문화이며 우리말의 높임말은
마음으로부터 시작되는 우리의 훌륭한 문화유산이니까요.

아이들이 말을 배울 때 또래 언어만 가지고는 절대 고급 언어를
배울 수 없습니다. 우리 아이들을 성숙한 인격을 갖춘 어른으로 키
우고 우리 문화를 품위 있게 가꿔나가려면 아이들의 언어 수준을
초급반에 머무르게 두어선 안 됩니다. 부모님과 선생님이 고급반으

로 이끌어줘야 합니다. 초등학교 1학년 정도면 모국어 말하기가 거의 완벽한 단계에 들어섭니다. 그러므로 이때부터는 압존법이나 겸양법 등 어려운 문법을 얼마든지 가르칠 수 있습니다. 정리 정돈도 습관이 몸에 배어야 하듯 올바른 언어 습관도 체화되어야 합니다. 언어 파괴가 만연하는 이 시대에 제대로 된 존댓말을 시의적절하게 사용하는 능력은 분명 내 아이에게 돋보이는 경쟁력이 되어줄 겁니다.

## 현대적 압존법의 올바른 사용법

『표준 언어 예절』(2011, 국립국어원)에서는 주체가 청자보다 직위가 낮더라도 높여 부르는 것을 인정한다.

### 1. 가정에서

– 할머니/할아버지, 어머니/아버지가 진지 잡수시라고 하였습니다.(O)

　할머니/할아버지, 어머니/아버지가 진지 잡수시라고 하셨습니다.(O)

⇒ 부모를 조부모께 말할 때 부모에 대해서는 높이지 않는 것이 전통 언어 예절이나

　오늘날에는 부모보다 윗분에게도 부모를 높이는 것이 일반화되어 가고 있습니다.

- 우리 어머니/아버지가 이렇게 말씀하셨습니다.(O)

　저희 어머니/아버지께서 이렇게 말씀하셨습니다.(O)

⇒부모를 선생님에게 말할 때에는 위와 같이 둘 다 사용할 수 있습니다.

- ○○(손주)야, 어머니/아버지 좀 오라고 해라.(O)

　○○(손주)야, 어머니/아버지 좀 오시라고 해라.(O)

⇒조부모가 자녀를 손주에게 말할 때에는 높임의 선어말 어미 '-시-'를 넣지 않는

　게 좋습니다. 그러나 손주에게 어머니/아버지는 대우해서 표현해야 할 윗사람이라

　는 것을 가르친다는 교육적인 차원에서 '-시-'를 넣어 쓸 수도 있습니다.


### 2. 직장에서

- 김 대리, 거래처에 가셨습니까?(O)

⇒직급이 높은 사람은 물론이고 직급이 같거나 낮은 사람에게도 직장 사람들에 관해

　말할 때는 '-시-'를 넣어서 존대하는 것이 바람직합니다.

- 총무과장이 이 일을 했습니다.(X)

　총무과장님이 이 일을 하셨습니다.(O)

⇒직장에서 윗사람을 그보다 윗사람에게 지칭하는 경우, '총무과장님께서'는 곤란해

　도 '총무과장님'이라고 하고 주체를 높이는 '-시-'를 넣어 높여 말하는 것이 언어

　예절에 맞습니다.

# 존댓말은 존댓말답게

## 무서운 존댓말

"근데요, 선생님은 왜 반말해요?"

일곱 살 지은이가 현제와의 다툼을 중재하고 일어서려는 선생님께 묻습니다.

"지은이와 현제가 이야기를 충분히 나눠야겠다. 둘 다 서로 잘못하지 않았다고 하니까 선생님이 누구 말을 들어야 할지 모르겠어. 하지만 둘은 알고 있을 거야. 그렇지?"

이렇게 둘의 자리를 마련한 다음 일어서려던 참이었지요.

"우리 엄마랑 아빠가요, 화났을 땐 꼭 존댓말을 써야 한대요. 선생님 지금 화나신 거 아녜요?"

"그렇게 보였어요?"

"아뇨. 우리 둘이 싸워서요. 화나신 것 같지는 않은데……. 아니, 화나셨을 거 같아요."

나이에 비해 논리적인 지은이다운 말이었지요. 화가 나신 것처럼 보이지는 않지만 둘이 싸웠으니 화가 나셨을 거라고, 그런데 왜 존댓말을 쓰지 않고 반말을 사용하느냐는 질문이었습니다. 선생님은 현제에게 잠깐 기다려달라고 양해를 구한 뒤 지은이에게 물었습니다.

"엄마가 화났을 때 왜 존댓말을 쓰라고 하셨을까요?"

"몰라요. 우리 엄마는 화났을 땐 꼭 존댓말을 써요. 근데 대따 무서워요. 소리도 막 질러요."


요즘 부모님들은 과거와는 달리 육아법 이론에 대해 많이 알고 있습니다. 육아 서적이나 방송 프로그램, 인터넷 카페 등에는 관련 정보들이 넘쳐나지요. 예전 엄마들은 어른이나 이웃에게 육아와 관련된 조언을 구했지만 요즘 엄마들은 인터넷에 질문을 올려 다양한 답을 구하는 게 일반적입니다. 그래서인지 종종 부모 교육 특강에서 거의 전문가 수준의 지식으로 무장한 부모님들을 만나기도 합니다. 얼마나 고맙고 다행스런 일인지요. 하지만 이런 부모님들도 아는 바를 아이에게 적용하는 데 서툰 경우가 적지 않습니다.

가장 흔히 범하는 '우(愚)'는 부모의 눈높이로 아이를 대한다는 점입니다. '이 정도는 당연히 알아듣겠지' 하는 거지요. 하지만 '부유모유자불유(父有母有子不有)'라는 말이 있듯, 부모가 안다고 해서 당연히 아이가 아는 건 아닙니다. 이 말은 눈높이 교육을 강조합니다. 아이가 알아들을 수 있는 말로 풀어주는 것도 중요하지만, 그에 못지않게 아이가 제대로 받아들이고 이해했는지 확인하는 일 또한 중요하다는 뜻입니다. 그래서 저는 강의를 마치기 전이나 리포트 주제를 제시한 후 반드시 물어봅니다.

"이해됐나요? 궁금한 점 있나요? 질문 시간 갖겠습니다."

자녀 양육에도 '확인'은 꼭 필요합니다. 왜 그래야 하는지 이유를 친절하게 알려주고 설명해줘야 합니다. 지은이 엄마의 경우 화났을 때 왜 존댓말을 써야 하는지 설명해줬어야 하는 거지요. 화가 나면 감정이 상하고, 그러면 해서는 안 될 나쁜 말을 할 수도 있으니 이를 예방하기 위해 존댓말을 써야 한다고 아이의 언어로 말해주고 알려줘야 하는 겁니다.

"화났을 때 기분이 어때?"

"나빠요."

"그럴 때 어떤 말을 하게 될까?"

"나쁜 말이요."

"그렇겠구나. 기분이 나쁠 때는 나쁜 말이 나올 수도 있으니까 말하기 전에 잘 생각하고 조심해서 말해야겠구나."

"네."

"그래서 엄마 아빠는 너를 꾸중할 때 존댓말을 쓸 거야. 너를 혼낼 때 큰 소리나 나쁜 말이 나올 수 있기 때문에 그걸 조심하고 싶어서 그래. 그리고 지은아, 이건 꼭 기억해주렴. 엄마 아빠가 너를 혼낼 때도 너를 싫어하거나 절대 나쁘게 생각하지 않는다는 걸."

지은이 엄마가 화났을 때 왜 존댓말을 쓰는지 이유를 차분히 설명했다면 지은이가 선생님에게 "화났는데 왜 존댓말을 안 해요!"라고 따지듯 묻지 않았겠지요. 그 대신 선생님에게 "화가 났을 때는 나쁜 말이 나오기 쉬우니까 조심해서 말하려고 존댓말을 쓰시는 거래요"라고 대답할 수 있었겠지요. 물론 어린 지은이가 엄마의 깊은 뜻을 모두 전하기는 힘듭니다. 그러나 '존댓말=화날 때 쓰는 말'이 아니라 '화가 날 때 더 조심해서 말하는 배려'임을 제대로 알려주는 일은 꼭 필요하지요.

부모가 화가 날 때 가급적 아이에게 경어를 사용하는 것은 일부

전문가도 지지하는 이론입니다. '화'라는 거친 감정을 여과 없이 아이에게 쏟아부을 수 있으니 그 부작용을 최소화하자는 거지요. 아무래도 존댓말을 쓰면 감정을 다스리는 데 도움이 되니까요. 그런데 한편으로는 세심한 주의가 필요합니다. 화가 날 때 차가운 표정과 냉랭한 말투로 존댓말을 사용한다면 과연 그 말이 제 기능을 할 수 있을까요? 그보다는 자칫 아이가 존댓말의 개념을 잘못 받아들이게 될 위험이 큽니다. 존댓말은 화났을 때 사용하는 말이며 나쁜 말도 그저 '요'자만 붙이면 괜찮다고 오해할 수 있다는 뜻이지요.

화났을 때는 좀 더 침착하게 감정을 가라앉히는 편이 좋습니다. 이를 위해 존댓말을 사용한다면 그 또한 좋은 방법입니다. 여기서 더 나아가 아이를 인격적으로 대하기 위해 존댓말을 사용한다면 가장 좋겠지요. 그러나 조용히 나직하게 내뱉는 나쁜 말이 때로는 더 큰 공포감을 주는 것처럼 더 무서운 효과를 내겠다며 아이에게 존댓말로 꾸중을 한다면 이는 백전백패입니다. 좋은 말은 좋은 형식(경어)에 담을 때 그 진가를 발휘합니다. 존댓말의 본질은 존중이고 배려이며 진정한 사랑이니까요.

훈육도 꾸중도 물론 사랑에서 비롯되지만 큰소리를 합리화하기 위해 사용하는 '혼내기 용 존댓말'은 아이의 언어 가치관에 혼란만 줄 뿐입니다. 지은이가 엄마의 존댓말을 '대따 무서운 말'이라고 표현한 것에서 충분히 단서를 찾을 수 있지요. 말은 형식과 내용이 일치해야 합니다. 그게 인간적인 말입니다. 그렇기 때문에 "사랑한다"고 말할 때는 사랑의 마음이 온 몸으로 표현되도록, "안 된다"고 말할 때는 단호함이 전해지도록 해야 합니다.


## 존댓말에도 어두운 면이 있다




초등학교 2학년 수민이는 걸핏하면 존댓말로 친구에게 상처 주기를 일삼습니다. 키가 작은 친구에게는 "키가 아주 잘 작아요", 성적이 안 좋은 친구에게는 "공부를 아주 잘 못하세요"라고 말하는 식이지요. 이런 말을 들은 친구들은 기분이 더 상합니다. 이에 대해 수민이는 사실을 말했는데 뭐가 잘못이냐는 반응입니다. "때로는 사실을 말하는 게 최선은 아니다"라고 이야기해도 수민이는 언제나 '사실'만 말한다고 거듭 강조합니다. 수민이의 교묘함은 자신이 말하는 '사실'이 상대에게 고민거리이면서 콤플렉스일 때 그것을 헤집는다는 데 있습니다. 어떻게 하면 친구를 더 기분 나쁘게 할지 잘 아는 거지요. 이를 존댓말로 포장하고 묘한 말투에 담아 상대를 힘들게 합니다. 지능적인 괴롭힘이 사람의 피를 말리듯 지능적인 말의 악용은 사람의 마음에 훨씬 큰 상처를 냅니다. 수민이에겐 좋은 말이 사람을 힘 나게 하고 행복하게 한다는 것을 알려줄, 제대로 된 말공부가 진정 필요해 보였습니다.

말이란 실로 중요하며 크고 무겁습니다. 부모님이라면 누구나 자녀가 유아기 때부터 말의 제대로 된 쓰임새를 일상에서 보여주셔야 합니다. 더불어 말투와 몸짓, 표정과 침묵까지도 말이라는 사실을 꼭 알려주셔야 합니다.

사람의 말은 그 사람의 인생을 보여줍니다. 상처를 주고 비아냥거리는 말을 하는 사람은 결국 외톨이가 되고 말지요. 내 아이가 혹시라도 수민이처럼 말과 존댓말을 악용하며 스스로를 갉아먹고 있다는 사실을 모른 채 통쾌해하고 있지는 않은지 살펴보세요. 존댓말은 화날 때만 쓰는 것으로 오해하며, 존댓말에 담긴 존중과 배려의 참 의미를 왜곡하는 일곱 살 지은이가 몇 년 후 수민이처럼 되지 말란 법은 없습니다.

유아기 아이에게는 일상적으로 자연스럽게 존댓말의 올바른 사용법을 알려줘야 합니다. 이는 현학적이거나 추상적이 아니라 구체적이어야겠지요. 세 치 혀가 사람을 죽이는 칼날이 될 수도 있고, 사람을 살리는 구원자가 될 수도 있음을 알려주세요. 그리고 존댓말은 상대를 기분 좋게 하는 말이고, 사람과 사람을 행복하게 이어주는 사랑의 말임을 느낄 수 있도록 부모님께서 보다 적극적으로 표현해주세요.

## 유아를 위한 존댓말 교정법

존댓말 교육 역시 존중이 바탕이 되어야 합니다. 아이가 존댓말을 사용하지 않는다고 꾸짖거나 존댓말을 틀리게 사용했다고 나무란다면 아이는 존댓말에 거부감을 갖게 될 가능성이 높습니다.

**1. '에코익'으로 교정해주세요.**

– "선생님, 이거 아빠가 줬다요."

⇒ 존댓말을 처음 배우는 아이들이 흔히 범하는 오류지요. 무조건 뒤에 '요'자를 붙이는 겁니다. 이럴 경우 "이걸 아빠가 사주셨어요?"라고 올바른 에코익 반응을 해주면 됩니다.

**2. 존댓말은 좋은 말, 존중하는 말, 기분 좋은 말이라는 인식을 갖게 해주세요.**

– "엄마, 밥 줘!"

⇒ "엄마한테 '밥 줘!'가 뭐니? '밥 주세요'라고 말해봐"라는 식으로 아이의 잘못을 교

정하는 느낌을 주어선 안 됩니다. 즐거운 식사 시간이 훈계 시간이 되면 곤란하니까요. 이럴 경우 "밥 줄까요?"라고 피드백해주세요.

**3. 지적하지 말고 다시 말하게끔 유도해주세요.**

- "할머니, 밥 먹어!"

⇒ "어머, 얘 좀 봐. 할머니한테 말버릇이 그게 뭐니?"라는 지적은 좋지 않습니다. "'할머니 식사하세요'라고 말씀드릴까?"라며 아이가 바른 존댓말을 할 수 있게 분위기를 조성해주세요.

**4. 혼낼 때만 존댓말을 쓰지 말아주세요.**

⇒ 어떤 부모님은 혼낼 때 감정을 자제하기 위해 존댓말을 사용합니다. 그러나 이것이 언성을 높이지 않는 효과가 있을지는 몰라도 아이에게 '존댓말＝혼나는 말'이라는 그릇된 인식을 심어줄 수 있으니 피해야 합니다.

**5. 존댓말의 유창성과 다양성을 살려주세요.**

⇒ 일상에서 부모님의 다양한 존댓말을 들려주세요.

① "'아빠! 식사하세요'라고 말씀드릴까?"

"아빠께 식사하시라고 말씀드릴까?"

② "이거 할머니 드리고 오렴."

"이거 '할머니 드리래요' 하고 전해드리렴."

③ "할아버지께 식사하시라고 말씀드릴까?"

"할아버지께 진지 잡수시라고 말씀드릴까?"

▶ 유아가 그린 '기분 좋을 때': 아이들도 격식을 갖춘 말, 즉 존댓말로 인사를 나눌

때 서로 기분이 좋아진다고 합니다.

# 아이의 기질을 인정하세요

**사연 ①**

## 딸의 싸가지 없는 말버릇, 어떻게 하면 바로잡을 수 있을까요?

엄마는 매사 꼼꼼한데 아이는 덜렁댑니다. 엄마는 사용한 물건을 제자리에 두어야 마음이 편한데 아이는 사용한 물건을 제자리에 두는 일이 좀체 없습니다.

"이게 왜 여기에 있는 거니?"

아이 방을 청소하던 엄마가 부엌 가위를 발견하곤 깜짝 놀라서 묻습니다.

"몰라. 그게 내 방에 있었어?"

"이건 부엌 가위인데 왜 방에서 나오는 거냐고. 어디에 쓴 건데?"

"글쎄? 아, 맞다! 지난번에 산 옷 있잖아. 라벨이 자꾸 거슬려서 자르려고 썼어."

"아니, 부엌 가위를 왜 그런 데나 쓰니? 그리고 썼으면 제자리에 가져다 둘 일이지. 가위에서 음식 냄새 나지 않니? 그걸 옆에 두고 심란해서 다른 일이 손에 잡히니?"

"하나도 안 심란한데? 내 방에 있는 것조차 잊어버렸는데 왜 심란하겠어? 근데 엄만 정말 그런 게 신경 쓰여? 게다가 음식 냄새까지 나? 상상력 하나는 대단하셔."

엄마는 아이의 말대꾸에 마음이 좀 상했지만 그냥 넘어가기로 합니다. 그런데 아이의 다음 말이 영 귀에 거슬립니다.

"근데 엄만 피곤하지도 않아? 뭐 하나 그냥 넘어가는 게 없으세요. 그렇게 신경 쓰이는 게 많은데 어떻게 살은 찌시나."

엄마는 정색을 하고 나섭니다.

"너 말만큼은 진짜 안 지는구나? 말은 그렇게 또박또박 잘도 하면서 어째 생활 태도는 그 모양이니? 칠칠치 못하게. 너야말로 천하태평이어서 그렇게 뚱뚱한 거니?"

아이 눈에 갑자기 눈물이 차오릅니다. 이제 초등학교 3학년이 된 아이는 부쩍 외모에 관심이 많아졌지요. 엄마 눈에는 보기 좋게 통통한데 아이는 살이 쪘다며 아침마다 동동거리곤 합니다. 아뿔싸, 그런 아이에게 '뚱뚱하다'는 금기어를 사용해버린 거지요.

"몰라서 그래요? 이게 다 엄마 닮은 거라고 할머니도 그러셨잖아요. 엄마가 날 그렇게 낳아놨잖아요. 그리고 엄마 체질 빼다 박았다면서요? 이게 제 탓이에요? 엄마가 뚱뚱한 게 문제죠!"

잠시 미안했던 엄마도 딸의 말에 화가 치밀었습니다.

"뭐? 말이면 다야? 네가 얼마나 먹는지 네가 더 잘 알지. 소아 비만 된다고 엄마가 컵라면 못 먹게 하면 몰래 찾아 먹고. 애 둘 낳은 엄마랑 너를 비교하는 게 말이 돼?"

"아, 됐어요. 됐다고요. 방 청소고 뭐고. 엄마, 다 필요 없어요. 엄마랑 얘기하기 싫어요."

"뭐야? 넌 대체 왜 그래? 왜 그렇게 못돼먹었어?"

"그러는 엄만 왜 그러시는데요?"

아이가 눈물을 뚝뚝 떨구면서도 꼬박꼬박 존댓말을 쓰는 걸 보니 대들 태세를 갖춘 듯했습니다. 아이가 작정하고 대들 때는 꼭 존댓말을 쓰거든요. 엄마에게 '어디서 반말이니?'라는 꼬투리를 잡히지 않겠다는 뜻이지요. 치켜뜬 눈을 보니 속이 뒤집어졌지만 말해봤자 엄마 입만 아플 것 같았습니다. 그 순간 엄마는 정말 딸아이가 미워졌고 손에 쥐었던 걸레를 획 던지고 나와버렸습니다.


부모 교육 시간, 엄마는 울분을 토하며 하소연합니다. 그때의 괘씸함이 다시 떠오른 듯 얼굴이 붉으락푸르락합니다.

"선생님, 아이의 존댓말이 문제가 아니라니까요. 저는 반말이든 존댓말이든 상관없으니 딸아이가 저를 진심으로 존중했으면 좋겠어요. 말에 다 묻어난다니까요. 이 싸가지 없는 말버릇을 어떻게 하면 바로잡을 수 있을까요?"



## 엄마와 딸, 서로의 기질을 확인하고 인정하세요

정리 정돈 안 하는 딸의 반항에 괘씸해하던 어머니, 속상해하지 마세요. 아이와 부모의 기질이 달라서 그렇습니다. 그저 '다른 기질'을 인정하면 됩니다. 엄마의 깔끔함도, 아이의 칠칠치 못한 성격도 전혀 문제 되거나 비난 받을 이유가 없습니다. 하지만 깔끔한 엄마가 조급증을 내기 시작하면 아이와의 관계만 나빠지고 아이의 행동을 수정할 수 없게 됩니다. 말싸움이 반복되고 부모는 더 절망하게 되지요.

사실 이런 경우 성격상 지저분한 것이 먼저 눈에 들어오는 엄마가 더 힘듭니다. 이것부터 인정하며 접근해야 모녀 관계가 건강해집니다. 아이는 사실 급할 것도 아쉬울 것도 없는 상황이지요. 아이 눈에는 엄마가 문제라고 생각하는 것이 보이지 않으니까요. 하지만 이 문제로 계속 갈등을 빚게 되면 존중의 관계가 깨지게 됩니다. 부모 자식 간에도 해도 될 말, 해선 안 될 말이 있습니다. 아이가 먼저 엄마의 신체적 약점을 공격했지만 실수라고 볼 수 있지요. 이럴 때는 엄마의 너그러운 유머가 필요합니다.

"정리에는 예민해도 마음이 넉넉하니 몸만큼은 여유가 넘친다. 왜? 부러워?"

이 정도로 응수했다면 좋았겠지요. 물론 아이의 버릇없는 말투에 유머 감각을 발휘하기란 쉽지 않습니다. 하지만 자식은 아이요, 부모는 어른이라는 사실을 언제나 기억해주세요.

말이란 실로 중요하며 크고 무겁습니다.

부모님이라면 누구나 자녀가 어릴 때부터

말의 제대로 된 쓰임새를 일상에서 보여주셔야 합니다.

더불어 말투와 몸짓, 표정과 침묵까지도

'말'이라는 사실을

꼭 알려주셔야 합니다.

# 사랑의 말이 아이를 변화시킨다

## 아이는 모든 것을 알고 있다

부모 교육 자문을 맡고 있는 한 방송 프로그램의 작가가 늦은 저녁 전화를 걸어왔습니다. 방송에 출연할 아이에 대한 자문을 구하기 위해서였지요. 작가는 난처한 목소리로 3살 남자아이가 촬영을 진행하기 어려울 만큼 공격적이라고 했습니다. 엄마에게 막말로 대들고 엄마 배를 때리는가 하면 촬영 카메라까지 발로 걸어찬다는 것이었습니다. 임신 중인 엄마는 가뜩이나 입덧이 심해 힘든

데 거칠고 공격적인 아이 때문에 지칠 대로 지친 상태라고 했습니다. 작가는 아이가 공격적인 이유와 행동 수정 방법에 대해 물었지요. 상대를 알아야 조언도 가능한 법이기에 당연히 엄마와 아이의 사이가 어떤지 궁금했습니다. 혹시 심신이 힘든 엄마가 아이를 귀찮아하거나 소리를 지르는 등 거칠게 대하지 않는지 물었지요. 그런데 돌아온 대답은 의외였습니다. 엄마가 아이에게 늘 청유형 존댓말을 사용하며 아이를 존중한다는 것이었습니다. 입덧 때문에 기운이 없어 소리를 지르려 해도 지를 수 없다는 말도 덧붙였지요. 대체로 아이는 부모의 모습을 그대로 비춰내는 거울이기 마련인데 일견 의아한 일이었습니다. 정말 드물게도 '그 엄마에 다른 아이'가 나온 걸까요?

해당 가정에 방문한 날, 아니나 다를까 촬영 카메라를 보자마자 기다렸다는 듯 발을 들어 올리는 아이에게 엄마는 담담한 목소리로 말했습니다.


"그러면 어떻게 될까요?"


아이가 화를 내며 엄마 배를 차려고 하자 엄마는 또 조근조근 이렇게 말하더군요.

아이가 생떼를 쓰며 밥을 거부하자 엄마는 역시 같은 톤으로 말했습니다.



작가의 말대로 엄마는 강압적이지 않았고 명령하지 않았으며 물리적·언어적 폭력을 행사하지 않았습니다. 또한 화내지도 않았고 목소리를 높이지도 않았으며 청유형 존댓말이라는 바람직한 화법을 사용하고 있었습니다. 외형상으로는 말이지요.

그런데 한 가지, 드러나는 모습 이면의 모자 관계를 보여주는 단서가 있었습니다. 바로 엄마의 표정이었지요. 아이를 대하는 엄마의 얼굴은 시종일관 무표정이었습니다. 그 얼굴에서 나오는 단조로우면서도 영혼 없는 말투, 말의 형식이 존댓말이든 청유형이든 엄마의 말에는 아이에게 건네는 '진심'이 없었습니다. 그러니 당연히 '마음'이 전달될 리 만무했지요. 의외로 많은 엄마들이 이런 오류를 범하곤 합니다. 아이를 진심으로 대하지 않으면서 그저 '좋은 엄마'로 보이려는 형식만 갖추는 거지요. 물론 부모가 자녀에게 목소리를 높이지 않는 것은 정말 바람직합니다. 아이들은 큰소리를 무서워하고 싫어하니까요. 그렇다고 작은 목소리가 무조건 좋은 것은 아닙니다. 작은 목소리와 힘없는 목소리는 빨강과 파랑만큼이나 다릅니다.

라디오를 듣다가도 유독 주파수를 돌리게 되는 프로그램이 있습니다. 진행자의 목소리에 영 힘이 없는 경우지요. 진행이 굉장히 매끄럽다고 하더라도 어떤 사연이든 한결같이 무심한 듯 귀찮은 듯 맥 빠진 목소리로 소개하는 것을 듣노라면 함께 기운이 빠지는 것 같거든요.

'귀찮다'는 뉘앙스의 작은 목소리는 아이를 눈치꾸러기로 만들고, 자존감 대신 자책감만 키워주게 됩니다. 강아지도 저 사랑하는 사람을 아는데 하물며 아이가 엄마의 마음을 모를까요. 아이의 모든 감각은 부모님이 자신을 좋아하는지, 자신을 마음에 들어 하는지에 맞춰져 있습니다. 부모의 사랑은 아이의 생존에 필수적이기 때문이지요. 일용할 양식보다도 훨씬 중요한 것이 바로 사랑의 양식입니다. 어린아이는 본능적으로 부모, 특히 엄마의 관심과 사랑을 갈구하며, 그 정도가 충족되지 않을 경우 다양한 방식—때론 공격적인 방식—으로 애정을 요구합니다. 그런 면에서 엄마의 말은 사랑을 전달하는 직접적인 채널이지요. 상냥하고 부드럽고 따뜻한 음성으로부터 전해지는 사랑의 에너지에서 아이들은 정서적 평온을 느낍니다. 아무리 뛰어난 연기로 화나지 않은 척, 귀찮지 않은 척, 관심을 보이는 척해도 진심이 담기지 않으면 아이들은 귀신같이 알아차립니다.

어느 날, 오랫동안 알고 지낸 지인이 중학생 딸의 상담을 부탁했습니다. 상담이 몇 차례 진행됐을까요. 아이는 입술을 깨물며 이렇게 말했습니다.

"전 엄마가 저를 사랑한다고 느낀 적이 단 한 번도 없어요."

다소 의아한 일이었지요. 딸이 어렸을 때 남편과 이혼한 지인이 이후 딸을 인생의 전부처럼 여기며 애지중지 키운 것을 누구보다 잘 알고 있었기 때문입니다. 아마 지인이 딸의 말을 직접 들었다면 기함을 하고도 남았겠지요. 의아함을 표시하는 저에게 아이는 당돌한 표정으로 반문했습니다.

"엄마가 저를 사랑한다고요? 글쎄요. 과거형인가요, 현재형인가요? 아니면 미래에 사랑할 거라는 말씀이세요?"

아이의 눈꼬리가 하늘을 향해 치켜 올라갑니다.

"그래요? 지금까지 저를 그렇게 사랑했대요? 냉정덩어리 우리 엄마가요?"

상담을 시작한 후 좀처럼 말문을 열지 않던 아이는 그날 '엄마가 널 너무도 사랑한다'는 말에 봇물 터지듯 울분을 쏟아냈습니다.

"사랑이요? 저는 느낄 수 없는 사랑을 엄마 혼자 했나 보지요? 엄마는 늘 우아하고 고상했지 싫은 소리는 안 하셨어요. 네 살 때였나? 엄마가 제 눈을 보고 말씀하시더군요. '너무 까불어서 안 되겠어요. 이제부터 존댓말 쓰세요.' 그래서 제가 '네'라고 했어요. 다른 기억은 잘 나지 않는데 그 장면만큼은 너무나 생생해요. 나중에 엄마 얘기를 들어 보니 할아버지께 엄청 버릇없이 굴어서 그랬다고 하시더라고요. 남들 기준에서 보면 엄마의 사랑이 정말 대단해 보이겠죠. 하지만 그럼 뭐해요? 저는 단 한 번도 그 사랑을 느껴본 적이 없는 걸요? 아마 제가 엄마 수준에 못 미쳐서 그런가 보죠."

아이의 말엔 가시가 잔뜩 돋쳐 있었습니다. 부모 상담에서 만난 지인은 '아이가 아빠 없이 자라 버릇이 없다'는 손가락질을 받기 싫어서 아이에게 예의범절 교육을 더욱 엄하게 시켰다고 털어놓았습니다. 특히 존댓말 교육에 몇 배는 더 신경을 썼다고 말이지요. 그래서 주위 사람들이 이상하게 볼 정도로 서로 깍듯한 존댓말을 쓰게 됐다는 것이었습니다. 존중과 배려가 배제된 가짜 존댓말은 오히려 속 빈 강정에 불과하다는 사실을 모녀는 분명히 보여주고 있었습니다.

## 부모와 자녀 사이에 필요한 균형

'격의 없다'는 말이 있습니다. '서로 터놓지 않는 속마음이 없다' 는 뜻으로 격식을 따지지 않는 편안한 사이를 가리킬 때 흔히 사용 됩니다. 부모와 자녀 사이는 격의 있음과 격의 없음이 시소를 타듯 균형을 이뤄야 합니다. 양쪽을 똑같이 맞추는 게 아니라 올라감과 내려감이 균형 있게 이뤄져야 한다는 뜻입니다.

부모는 자녀가 때로는 세상에서 제일 만만하게 보고 온갖 고민과 속 얘기를 털어놓을 만한 상대여야 하고, 때로는 하늘 같이 우러러볼 수 있는 존재여야 합니다. 늘 친하기만 하면 가끔 엄격함이 필요한 자녀 교육이 어려워지고, 늘 우러러보기만 하면 거리가 너무 멀어져 가까이 지낼 수 없기 때문이지요.

부모와 자녀 사이는 아이를 올려주다가 부모가 올라가기도 하고 양쪽이 엇비슷하기도 해야 합니다. 다시 말해 부모는 아이가 울 때 가슴으로 품어줄 수도 있어야 하고, 눈물을 뚝 그치게 할 수도 있어야 합니다. 부모가 어른인 동시에 친구 같아야 하는 이유지요. 부모가 늘 친구 같기만 하면 아이는 권위 있는 부모를 잃은 것입니다. 반대로 부모가 늘 하늘 같기만 하면 눈높이와 마음 높이를 함께할 애착 대상이 사라지는 것이지요. 그렇기 때문에 부모와 자녀 사이에는 시소 같은 균형이 필요합니다.

앞서 등장한 촬영 카메라를 걷어차는 아이에게 엄마의 낮은 목소리와 존댓말은 모자 관계를 회복하는 솔루션이 되어주지 못합니다. 엄마의 임신은 생각보다 많은 아이들에게 퇴행 현상을 불러일으킵니다. 동생이 생긴다는 것은 아이에게 기쁨보다는 공포에 가까운 일이거든요. 이럴 때는 아이의 마음에 일고 있는 복잡한 감정을 읽어주는 것이 중요합니다.

"그걸 차면 어떻게 될까요?"

무기력한 목소리로 어려운 문제를 내는 듯한 엄마의 말은 열린 질문도, 청유형 화법도 아닙니다. 이보다는 차라리 "차지 마! 위험해!"라는 명령형 반말이 훨씬 낫습니다. 아이의 안전을 걱정하는 엄마의 마음이 더 확실히 전달될 수 있으니까요. 명령형 문장도 얼마든지 존중과 배려가 담긴 존대어가 될 수 있는 겁니다. 반대로 아무리 청유형 화법이라도 영혼이 담기지 않았다면 존대어가 아니겠지요. 언뜻 아이의 생각을 묻는 듯한 이 말은 아마도 "지금 뭐하는 거야? 그걸 차면 어떻게 되는지 몰라서 그러니? 넌 도대체 왜 그런 거니? 왜 그 모양이냐고!"라고 전달되었을 겁니다.

경어는 이야기의 주체나 이야기를 듣는 상대에게 경의를 표하기 위해 사용하는 표현 방식입니다. 경의를 표한다는 것은 존중하고 존경하는 마음을 담는다는 것이지요. 결국 경어, 즉 존댓말이란 상대를 존중하고 존경하는 마음을 담은 말의 형식입니다. 다시 말해 엄마가 아무리 격식을 갖춘 존댓말을 쓰더라도 마음이 담기지 않았다면 소용이 없다는 뜻입니다.

앞서 등장한 아이들은 존중 없는 존댓말을 사용하는 엄마에게 심리적 거리를 느꼈을 뿐입니다. 심리적 거리는 물리적 거리로 이어져 엄마와 아이 사이는 점점 더 멀어집니다. 거리가 멀어지니 소통은 더욱 힘들어지고 관계 역시 점점 더 나빠지는 악순환이 일어나는 것이지요. 위에서 아이가 촬영 카메라를 발로 차는 행동은 '날 좀 봐줘요'라는 의미입니다. 임신한 엄마의 배를 차는 행동은 '이래도 안 볼 거예요?'라는 뜻이지요. 아이는 엄마를 미워하는 행동에서 더 나아가 자폐 증상까지 보였습니다. 만약 엄마가 아이에게 꾸준히 사랑을 담은 말을 했다면 아마도 아이는 그러한 문제 행동을 보이지 않았을 테지요. 그래서 저는 엄마가 존댓말이 아니더라도 아들을 안아주고, 함께 장난치고, 좀 더 힘 있게 상냥한 목소리로 말하도록 조언했습니다. 또한 아빠에게도 아이와 함께 오랜 시간을 보내고 아이가 신체적으로 에너지를 발산할 수 있도록 공놀이와 같은 몸 놀이를 많이 하도록 권했지요.

사랑이 없는 조용한 목소리는 '귀찮다'는 표현이나 마찬가지입니다. 사랑이 없는 존댓말은 서로의 관계를 오히려 멀어지게 하는 방해물일 뿐이지요. 강조컨대 부모님은 말에 정성과 진심을 담아야 합니다. 부모님이 말에 영혼을 담는 순간 그 말에는 사랑이 배어 그 자체로 존중의 말이 되기 때문이지요. 존대는 존중이며 그것이 진정한 존댓말의 존재 이유입니다. 촬영 카메라를 걷어찬 아이가 그대로 자라 중학생이 된다면 아마도 지인의 딸처럼 말하지 않을까요? 아이가 훗날 무시무시한 '호모중딩쿠스'가 되지 않도록 하려면 지금부터 부모의 꾸준한 노력이 필요합니다. 아이의 마음을 알아주고, 자존감을 키워주는 '사랑의 말'이 바로 그 열쇠입니다.

## 존댓말인 듯 존댓말이 아닌

"어휴, 이렇게 정리를 안 하면 이야기 나누기를 할 수 있을까요?"

자유 놀이 시간이 벌써 끝났는데 햇님반 아이들은 여전히 놀잇감에 푹 빠져 있습니다.

"햇님바안!"

담임선생님이 목소리를 높입니다.

"햇님반 친구들, 여기 보세요!"

아이들이 선생님 쪽을 바라봅니다. 선생님의 목소리가 한층 더 높아집니다.

"교실을 돌아보세요. 장난감들이 울고 있지요. 우는 모습 보여요? 자기 집을 찾아달래요. 어서 치우세요."

　선생님은 나름대로 의인화 기법을 활용해 아이들에게 정리 정돈을 재촉합니다. 이어지는 이야기 나누기 시간에도 아이들은 좀처럼 수업에 집중하지 못했습니다. 선생님의 목소리는 시종일관 크고 높고 날카로웠습니다. 깍듯한 경어를 사용하긴 했지만 계속되는 요구와 지시는 지배적이었지요. 아침 9시부터 낮 2시까지 관찰한 결과 선생님은 아이들을 지배하려고 하는 경향이 강했습니다. 게다가 아이들이 말을 듣지 않을 때는 늘 단정 짓는 어조로 말하더군요.

　"햇님반 친구들, 안 되겠어요. 오늘은 바깥 놀이 못하겠어요."

　"햇님반 친구들, 자리에 앉지 않으면 간식을 먹을 수가 없어요."

　"누가 그랬어요?"

　"왜 그랬어요?"

　"그러니까 그렇게 하면 안 된다고 했지요?"

　"우리 어떤 약속했지요?"

　관찰하는 5시간 내내 제 귓가엔 줄곧 선생님의 추궁하는 질문, 잘잘못을 따지는 평가, 원인 제공자 색출을 위한 취조가 이어졌습니다. 아이들도 계속 산만한 모습이었습니다. 누군가는 때리고, 누군가는 빼앗고, 누군가는 괴롭히고, 누군가는 소리 지르고, 누군가는 던지고……. 아이들은 "선생님, 재요~"라는 고자질을 입에 달고 있었습니다. 선생님은 분명 높임말을 쓰고 있었습니다. 지친 몸짓과 표정으로 말이지요.

"우리 들꽃반, 어쩜 이렇게 멋진 생각을 잘 할까요?"

"정말 그렇겠네요."

"아, 산들산들 불어서 산들바람이라고 부르는군요. 이름도 참 예뻐요. 산들바람! 우리에게 이름이 있는 것처럼 바람에게도 이름이 있군요."

두 번째로 방문한 들꽃반의 수업 시간은 분위기가 전혀 달랐습니다. 이야기를 나누는 20분 동안 선생님은 단 한 번도 아이들을 꾸짖지 않았고, "친구가 발표하는데 누가 떠들지요?"라는 평범한 제지조차 하지 않았습니다. 그 대신 내내 맞장구와 웃음, 공감과 격려가 이어졌지요. "누가 친구 얘기를 안 들어주시나요?", "또 누구예요? 누가 떠드시죠?"라며 귀에 거슬릴 정도로 경어를 쓰며 아이들을 추궁하던 햇님반 선생님과는 사뭇 대조적이었습니다.

"선생님 좋아요."

"선생님 예뻐요."

"종현이 칭찬해주세요."

"주경이가 도와줘서 행복했어요."

"빨리 내일 아침이 왔으면 좋겠어요."

"선생님이랑 친구들 만나는 게 좋아요."

들꽃반의 귀가 시간, 아이들을 한 명 한 명 안아주는 선생님에게 아이들은 저마다 행복한 말들을 쏟아내며 즐겁게 유치원을 나섰습니다.

"우리 OO이 사랑해요."

"저는 선생님을 더더 많이많이 사랑해요."

절로 흐뭇한 미소가 지어지는 교사와 아이들의 상호 작용에는 어느 한 순간 과장됨이나 거슬림이 없었습니다. 그야말로 들꽃처럼 어여쁜 들꽃반이었지요.


자문을 위해 처음 이 유치원을 방문했을 때 현관에 걸린 원훈 중 하나가 눈길을 끌었습니다.

'존댓말 사용 100%'

원훈을 충실히 실천하듯 아침 인사는 "안녕하십니까?"더군요. 어른들도 다소 어색할 법한 격식을 갖춘 인사를 다섯 살배기 아이들이 제대로 실천하고 있었습니다. 물론 선생님들도 아이들에게 언제나 경어를 사용하고 있었지요. 존댓말을 중시하는 제 교육 철학과 잘 맞는 유치원인 것 같아 내심 흐뭇했습니다. 그런데 햇님반의 하루를 관찰한 결과 아무리 깍듯한 형식을 갖췄더라도 마음이 담기지 않은 존댓말은 그 진가를 발휘할 수 없다는 걸 새삼 확인했습니다. 날카로운 존댓말은 오히려 교사와 아이들의 거리를 멀어지게 할 뿐이라는 것을 햇님반 선생님은 여실히 보여줬지요.

햇님반 선생님은 주변이 떠들썩하게 웅성거리는 상황에서도 아이들을 자리에 앉히지 않은 채 자기가 해야 할 말만 계속했습니다. 그러니 내용이 제대로 전달될 리 없었지요. 게다가 여섯 살 유아에게 지나치다 싶을 만큼 극존칭을 사용하기도 했습니다. "누구죠? 누가 교실에서 시끄럽게 뛰어다니시죠? 소리 나지 않게 걸으셔야죠. 그렇죠? 햇님반?" 하는 식으로 말이지요. 하지만 그 존댓말 속에는 존댓말의 본질, 즉 아이들을 존중하는 마음이 없었습니다. 물론 자료 정리, 줄 세우기 등의 행동에도 역시나 존중하는 마음은 담겨 있지 않았습니다. 그리고 햇님반 선생님은 강조 혹은 확인하는 의문문을 자주 사용하고 있었습니다.

"뛰면 안 된다고 했죠. 그렇죠?"

"이르는 건 안 좋다고 했죠. 안 그래요?"

그것도 꼭 부정적인 것을 재차 확인할 때 그랬습니다. 이런 의문문은 다소 신경질적으로 들리기 쉽지요. "너희들 왜 말 안 들어. 내가 분명 가르쳐줬지? 근데 왜 실천 안 해? 알아? 몰라? 알면서 왜 그래?" 하는 추궁처럼 느껴지거든요.

햇님반 선생님이 사용하는 부정적 언어의 하이라이트는 바로 '한숨'이었습니다. 늘 "후우~"라는 한숨으로 말을 시작했지요. '힘들어 죽겠다'고 토로하는 듯한 말머리의 한숨은 보는 이와 듣는 이의 맥을 빠지게 합니다. '도대체 말이 안 통해요. 몇 번을 말해야 알아듣나요?'라는 의미를 담은 한숨은 절대로 무례합니다. 한숨을 쉬면서 쓰는 경어는 아이의 올바른 가치관 형성에 오히려 해가 됩니다. 아무리 깍듯한 경어를 쓴들 상대의 맥을 빠지게 한다면 좋은 기운이 전해질 리 없지요. 햇님반에서 아이들의 활기찬 행동은 말을 듣지 않는 것으로, 아이들의 말소리는 시끄러운 소음으로 취급되었습니다. 그날 그 반은 '햇님반'이라는 이름과는 전혀 어울리지 않았습니다. 오히려 '먹구름반'이었지요.

수업을 마치고 교사 평가 시간이 이어졌습니다. 햇님반 선생님의 얼굴에는 예상대로 먹구름이 드리워져 있었습니다.

"애들 때문에 정말 힘들어요. 오늘 교수님이 오신다고 해서 꼭 여쭤보고 싶었어요. 아이들을 어떻게 하면 잘 잡을 수 있을까요?"

선생님은 문제의 원인을 아이들 및 외부 요인으로 돌리며 아이들을 바꿀 방법을 절실히 물었습니다. 정확히는 스킬을 요청했지요. 하지만 안타깝게도 저마다 개성이 다른 아이들을 일사불란하게 만들 간단한 기술은 없습니다. 그 후 원장 선생님은 올해로 3년 차인 햇님반 선생님이 유치원 교사직에 심각한 회의를 느끼고 있으며 시간이 지날수록 힘들어한다고 귀띔했습니다. 해마다 자신의 반에만 이상한 아이들이 모인다며 한탄했다고 하더군요.

중국 진나라 때의 책 『여씨춘추(呂氏春秋)』에는 '남을 이기려는 사람은 반드시 먼저 자신부터 이겨야 하고, 남을 논하려는 자는 반드시 자신부터 논해야 한다'는 말이 나옵니다. 한때 자동차 유리창에 '내 탓이오'라는 스티커를 붙이는 것이 유행이었지요. 꼭 가톨릭 신자가 아니더라도 이 캠페인은 상당히 신선했습니다. '내 탓이오'라는 말을 햇님반 선생님에게 완곡하게 전하기 위해 교사 평가 말미에 이렇게 적었습니다.

"아이들 탓은 없습니다. (물론 아이라도 정말 아이 같지 않고, 아무리 아이지만 예쁜 데라곤 정말 찾아볼 수 없는 아이가 있지만) 아이들 탓을 하면 절대로 우리 반 교실은 개선될 수 없다고 생각하는 것이 정답입니다. 굳이 탓을 하자면 교사부터 탓합시다. 고쳐야 할 게 있다면 교사부터입니다. 아이들이 조용조용 말을 하도록 하고 싶다면 교사부터 조용히 말해야 합니다. 아이들의 고자질을 줄이려면 교사가 인상을 쓰는 습관부터 고치면 됩니다. 반 이름대로 햇실처럼 웃어주세요. '누가 뛰시나요?'라는 어색한 경어 대신 교사가 먼저 사뿐사뿐 걷는 모습을 보여주세요. 다시 한 번 강조합니다. 교사부터입니다. 아이를 잡으려고 하지 말고 선생님부터 달라진 후 아이들을 지켜보고 가르치세요. 문제가 나로부터 시작됐으니 해답도 나에게서 나옵니다. 교사의 겸손한 마음이 진정한 아동 중심의 교육입니다. 이것이 존중이고 그런 마음으로 사용하는 말이 진정한 존댓말입니다."

원장 선생님께는 원훈의 '존댓말 사용 100%' 앞에 '존중하는 마음을 담아'를 넣어달라고 부탁드렸습니다. '존중하는 마음을 담아 존댓말 사용 100%'라고 말이지요. 존중 받은 아이는 아무리 아이라도 자신을 존중하는 사람을 알아봅니다. 우리는 그것을 믿고 기다리는 것이지요.

앞서 등장한 두 명의 선생님 중 어떤 분이 내 아이의 담임을 맡길 바라시는지요. 매사 아이에게 따져 묻고, 아이의 말을 제대로 들어주지 않으며, 네 속을 훤히 안다는 듯한 태도로 말하는 선생님, 아이가 억울한데도 바쁘다는 이유로 피곤하다는 이유로 서둘러 어설픈 판결을 내리는 엉터리 판사 같은 선생님, 가짜 존댓말로 아이를 무시하고 거리를 두는 선생님……. 이런 선생님께 아이를 맡기고 싶은 부모님은 당연히 없으시겠지요.

앞에서 나온 교사 평가에 '교사' 대신 '부모'를 넣어보시면 도움이 될 겁니다. 부모님은 제2의 선생님이고 선생님은 제2의 부모님입니다. 표리부동하지 않은 존댓말, 형식과 마음이 일치하는 존댓말이 비로소 진짜 존댓말입니다.

# 아이의 사고를 확장시키는 열린 질문

아이와의 대화에서는 '열린 질문'이 중요합니다. 단순히 '네'와 '아니오'로 답하는 것을 벗어나 생각을 확장시키고 펼쳐 나갈 수 있는 '발문'을 해야 한다는 뜻이지요. 하지만 만 3세 이하의 아이에게는 열린 질문보다 단답형 질문이 오히려 명료하게 전달됩니다. 사고를 확장시키는 열린 질문은 인지 발달에 맞춰 만 3세 이후부터가 적합합니다.

### 1. 백화점이나 마트에서

– 수많은 물건을 앞에 두고 "이중에서 골라봐"라고 하면 어린아이는 "음, 음" 하며 멈칫거릴 수밖에 없습니다. 선택의 폭이 너무 넓기 때문이지요. 이 경우 보통 "왜 못 골라? 엄마가 골라줘?" 하며 엄마가 원하는 물건을 선택하는 결말로 이어지는데, 그러면 아이는 당연히 울음을 터뜨리거나 떼를 쓰게 됩니다.

– 선택할 것이 많을 때는 마음을 정하는 데도 시간이 더 많이 필요하므로 넉넉히 여유를 두고 기다려줘야 합니다.

– 어린아이에겐 선택의 여지가 많은 것이 도움이 되지 않습니다. 오히려 선택에 방해가 될 뿐입니다. 이럴 때는 선택 내용을 두세 가지로 줄여서 제시하는 편이 좋습니다. "이 두 가지 중에서 골라볼까?"라고 해주면 아이가 훨씬 편안하게 마음을 정할 수 있겠지요.

**2. 친구의 물건을 빼앗거나 친구를 때릴 때**

– 인과 관계가 명확할 때는 열린 질문을 하기보다 정확한 이유와 결과를 알려줘야

합니다. 이미 답이 정해진 사안에 열린 질문을 하는 것은 무의미하기 때문이지요.


"너, 친구에게 그러면 어떻다고 생각해?"(X)

"친구 물건을 뺏으면 안 돼. 왜냐하면~"(O)

"친구를 때리면 안 돼. 왜냐하면~"(O)


– 절대 해서는 안 되는 행동에 대해서는 아이에게 의견을 묻는 대신 그 행동을 해서

는 안 되는 이유를 분명히 알려주세요. 이런 과정을 통해 아이는 인과 관계와 논리

를 배울 수 있답니다.

# 말 한마디로 아이를 감싸 안아라

## 마음에 남는 말, 한 귀로 흘리는 말

"왜 또 그렇게 인상을 쓰는 거니?"

"아, 왜요? 난 먹기 싫다고요!"

"넌 왜 항상 불평불만이니?"

"왜요? 내가 뭘요?"

미국 서부의 한 호스텔. 한 모녀가 조식을 앞에 두고 신경전을 벌이고 있습니다. 시리얼과 와플이 종이를 씹는 것 같아 먹기 싫다고 버티는 딸에게 엄마는 불평하지 말고 일단 먹어두라고 강권합니다. 엄마와 딸이 한창 실랑이를 하고 있을 때 한 외국인 가족이 식당에 들어섭니다. 그런데 무슨 영문일까요. 그들을 향한 딸의 표정과 태도가 180도로 바뀝니다.

"Hi~"

상냥하고 애교 넘치는 딸의 인사에 상대방 가족도 웃음으로 화답합니다. 안면이 있는지 딸과 그 가족은 화기애애한 분위기로 대화를 주고받습니다. 잠시 후 그들이 자리를 찾아 떠나자 엄마가 투덜거립니다.

"야, 넌 외국인한테 말할 때는 엄청 상냥하면서 엄마한테는 왜 그렇게 까칠하니?"

"엄만 딸한테 '야'가 뭐예요? 그러는 엄마도 지금 엄청 까칠하거든요. 그리고 영어가 원래 그래요. 그것도 몰라요?"

과연 언어의 차이 때문일까요? 다른 한국인 가족에게도 엄마와 딸은 모두 더없이 상냥하게 인사했습니다. 문제는 결국 서로 간의 말투였던 겁니다. 모녀의 대화에서 유독 귀에 걸리는 대목은 '왜'입니다. '왜'란 때와 어조에 따라 상대의 신경을 상당히 거슬리게 하는 말이거든요. 문장은 보통 주어와 서술어로 이뤄지지만 '왜'는 한 글자가 곧 한 문장이 됩니다. 그리고 글자 뒤에 어떤 문장 부호가 오느냐, 즉 어투에 따라 전달되는 바가 극명히 달라집니다. 원인과 이유를 궁금해 하는 호기심의 발로가 될 수 있는 동시에 상대를 힐난하고 트집 잡아 따지는 의미가 될 수도 있지요. 강의를 듣는 학생들에게 '왜?'와 '왜!'의 뉘앙스 차이를 얘기해보라고 한 적이 있습니다. 대부분의 학생들이 '왜!'에 대해 부정적인 의견을 나타냈지요.

"소리치는 것 같아요."

"약간 비난하는 것 같아요."

"무슨 소리냐며 제 생각을 무시하는 기분이 들어요."

사실 그렇습니다.

"넌 왜 쓸데없는 생각을 하니?"

"왜, 도대체 뭐하려는 건데?"

이런 경우 비난, 경멸, 무시 등의 의미가 담겨 있지요. 어떤 학생은 '왜~!?'라는 제3의 뉘앙스를 얘기하더군요. 아주 궁금하거나 관심이 있는 건 아니지만 귀찮은 듯 그래도 관심을 표명하는 복합적인 느낌을 주기도 한다는 것이었습니다. 우리말은 느낌의 언어라는 사실을 새삼 확인한 시간이었지요. 우리나라 작가들이 노벨 문학상을 받지 못하는 이유가 우리말의 미묘한 느낌을 제대로 번역할 길이 없어서 그렇다는 이야기를 들은 적이 있습니다. '노랗다'라는 표현만 해도 누리끼리하다, 샛노랗다, 누렇다, 싯누렇다 등처럼 다양하며, 각 표현이 나타내는 색깔과 느낌이 모두 다르거든요. 이처럼 우리말은 여러 가지 마음 상태와 상황을 묘사할 수 있는 느낌을 담고 있습니다. 말 한마디가 따뜻한 위로를 건넬 수도, 지워지지 않는 상처를 남길 수도 있는 잘 벼린 양날의 칼 같다고 할까요. 명검일수록 세심한 주의가 필요합니다.

외국인이 우리말을 들으면 다소 딱딱하게 혹은 무뚝뚝하게 들린다고 합니다. 다른 언어에 비해 덜 리드미컬하기 때문이지요. 우리말은 톤의 높낮이가 일정한 편이어서 사람들이 부드럽게 오르내리는 영어의 억양이나 중국어의 성조를 익힐 때 어려움을 겪기도 합니다. 그러나 이것은 음절 글자인 우리말의 특징입니다. 한 글자 한 글자 또박또박 발음하다 보니 자칫 딱딱하게 혹은 무뚝뚝하게 들릴 수 있는 것이지요.

하지만 부드러운 말투로 딱딱함과 무뚝뚝함을 충분히 극복할 수 있습니다. 특히 부모가 자녀에게 말을 할 때 명령조나 강압조로 느껴지지 않게 하려면 말투에 유의해야 합니다. 아이의 눈을 바라보며 눈높이와 마음 높이를 맞추고, 화가 난다면 일단 심호흡으로 날 선 감정을 걸러내는 것이지요. 훈계를 할 때 외에는 단호한 어투로 말할 이유가 없습니다. 그래서 저는 훈육이나 훈계에 관한 자문을 할 때 다음과 같이 조언합니다.

"훈계를 할 때는 단호하게 하세요. 하지만 단호함이나 엄격함은 평소 부모님의 말씀이 부드럽고 온화해야 효과가 있습니다. 평소 큰소리, 딱딱한 말투, 명령형으로 말을 해왔다면 훈계를 할 때 단호한 목소리를 내도 전혀 효과가 없습니다. 그저 또 다른 잔소리로 들릴 뿐이지요."

말이란 내용은 물론 형식도 중요합니다. 컵에 따른 물은 마실 수 있지만 바닥에 엎지른 물은 그렇지 못합니다. 말을 듣게 하고 싶다면 전달하는 방식이 중요합니다. 부모님의 말이 아이의 마음에 남길 바라시나요, 그저 이쪽 귀에서 저쪽 귀로 흘러가길 바라시나요.

앞선 이야기에서 워킹맘이었던 엄마는 퇴직 후 그동안 살뜰히 챙기지 못했던 딸과의 관계를 개선하고자 미국 여행을 계획했다고 했습니다. 하지만 '왜'라는 말로 서로 상처를 주고받으며 오히려 여행 후 관계가 더 서먹해졌지요. 엄마와 아이가 애착 형성이 덜 돼서 그렇다는 본질적 원인을 지적하는 건 관계 회복에 별로 도움이 되지 않을 것 같았습니다. 이미 지나간 시간은 돌이킬 수 없으며 엄마의 죄책감에 되레 짐을 하나 얹을 필요는 없으니까요. 그 대신 모녀가 서로에 대한 말투를 개선하는 방향으로 해결 방안을 모색했습니다. 공교롭게도 모녀는 모두 '말'에 민감했습니다. 문제는 말로써 자신이 받는 상처에만 민감하고 상대가 받을 상처에는 둔감한 데 있었지요.

엄마는 '이런 말을 하면 딸이 예민하게 받아들일 거야. 그러니 좀 더 부드럽게 전달할 방법을 생각해보자'가 아니라 '어쩜 쟤는 엄마에게 저렇게 냉정하게 말을 한담? 어쩜 그럴 수 있어?'라는 생각이 먼저 드니 "넌 대체 왜 그래? 왜 그렇게 예의가 없니?"라는 공격적인 말을 하게 되는 거지요. 딸은 딸대로 '엄마는 언제나 말꼬투리를 잡지. 엄마랑 딸 사이에 말끝마다 그렇게 예의를 따져야 하나?'라는 생각에 "왜요, 내가 뭘요?"라고 대꾸를 하는 겁니다. 엄마는 다시 "애 좀 봐, 엄마한테 말버릇이 도대체 그게 뭐니?"라고 공격하고 딸은 "왜 맨날 나만 갖고 그래요?"라며 끝없는 설전이 이어지게 되는 거지요.

말은 기본적으로 상대에게 들려주기 위한 것입니다. 그렇기 때문에 내가 하고 싶은 말만 고집할 게 아니라 상대가 들을 수 있는 말을 해야 합니다. 말은 양방향 커뮤니케이션입니다. 내가 말을 함으로써 절반이, 상대가 반응함으로써 나머지 절반이 완성됩니다. 결국 상대의 반응은 내 말에서 기인한다고 할 수 있지요.

상담을 하다 보면 말로 인해 관계가 깨진 사례를 부지기수로 만납니다. 상대가 무심코 던진 한마디가 비수처럼 마음에 꽂혀 두고두고 잊히지 않는다는 사람을 정말 많이 봤습니다. 사실 상처를 주고받는 말은 그리 길지 않습니다. 길게 대화를 나누는 관계에서 말로 상처를 입거나 주는 경우는 드물거든요. 평소 관계가 서먹해 자주 대화를 하지 않는 사람들이 오랜만에 이야기를 나누다 문제가 생기는 일이 많습니다. 상대에 대해 잘 알지 못하는 상태에서 본인이 원하는 것만 말하다 보니 탈이 생깁니다. 그러다가 서로 실망하며 관계에 막을 내리게 되지요.

우리말의 경어가 아름다운 이유는 그 안에 존중의 마음이 담겨 있기 때문입니다. 존중은 말투로 좀 더 명확하게 표현될 수 있습니다. 가는 말이 고와야 오는 말이 고운 법이지요.

"도대체 왜 그래!"
"왜~? 왜 그러는 건데? 불만이 뭔데?"
"왜~! 왜 또?"

"(부드러운 어투로) 왜? 안 돼? 할 수 있어."
"왜 그러니? 무슨 문제가 있니?"
"힘들어 보이는구나. 왜, 무슨 일이 있었니?"

둘 중 어떤 '왜'를 주로 사용하시나요? 모두의 대화에서 '왜'가 원래 뜻을 되찾았으면 좋겠습니다. 진심으로 이유가 궁금하고 상대에 대해 알고 싶다는 의미 말이지요. '왜'라는 한 글자야말로 어투가 중요합니다. 한 글자로 상대의 속을 뒤집어놓을 수도 있고 용기를 북돋을 수도 있거든요. '왜'는 그 전형을 보여줍니다.

말에 존중을 담는 데는 숨 한 번 들이쉴 시간이면 충분합니다. 말을 하기 전, 숨을 한 번 들이쉬어보세요. 욱하는 말투, 버럭 하는 말투를 좋은 말투, 따뜻한 말투로 충분히 바꿀 수 있습니다. 이것이야말로 진짜 존댓말이 갖춰야 할 중요한 요소입니다.


## 존댓말은 따뜻해야 한다


"이거 먹을까요?"

엄마가 슈퍼마켓 냉장고에서 아이스크림을 꺼내 아이에게 보여줍니다.

"아뇨."

"그럼 이거요?"

엄마는 비슷하게 생긴 다른 아이스크림을 찾아 들어 보입니다.

"아뇨. 저거."

아이가 작은 목소리로 말하며 손가락으로 '아이스 바'를 가리킵니다. 엄마는 딱 잘라 대답합니다.

"엄마가 안 된다고 했죠?"

"그럼, 뭐요?"

“이거 먹어요.”

엄마는 우유가 듬뿍 든 아이스크림을 골라 아이에게 쥐어줍니다. 엄마가 계산을 하는 동안 아빠가 아이에게 말을 겁니다.

“우와, 지윤이 아이스크림 먹어요? 좋겠네요. 당신이 웬일이에요. 아이스크림을 다 사주고?”

엄마가 눈살을 찌푸리며 대꾸합니다.

“좋긴 뭐가 좋아요. 지윤이 입이 쑥 나와 있잖아요. 그리고 당신은 왜 부추기고 그러세요. 애 버릇없어지게.”

가족은 슈퍼마켓 문을 나섰습니다. 이어서 신경질적이고 날카로운 목소리가 들려왔습니다.

“지윤이, 고맙다는 말도 못 해요?”

“우와, 지윤이 아이스크림 먹어요? 좋겠네요”라는 아빠의 말과 달리 아이는 아이스크림을 받아 들고서도 전혀 좋아하는 기색이 없었습니다. 엄마의 말대로 부루퉁한 표정이었지요. 엄마와 아빠는 아이에게, 또 서로에게 존댓말을 사용하고 있었지만 말 안에서 온기라곤 찾아볼 수 없었습니다. 온기 없는 존댓말은 차가운 눈길보다 오히려 냉정합니다.


“그 집은 고민이 없는 집이라서 그런지 고민 아닌 고민을 하고 있어요. 딸에게 자꾸 거리감이 느껴진대요. 아이가 초등학교 2학년

인데 행동이 여느 아이들과 좀 다르기는 하더라고요. 한번 만나주시겠어요?”

민희 엄마는 우아하고 품위 있는 중년 여성이었습니다. 옷차림부터 앉아 있는 자세, 손짓까지 어디 하나 흐트러짐이 없었지요. 민희와 나란히 자리에 앉을 때도 민희를 먼저 바르게 앉히고 나서 자신이 앉을 만큼 아이에 대해서도 세심한 관심을 기울이고 있었습니다.

이날 자리는 정식 상담 전 우선 편하게 이야기를 나눠보고 싶다는 요청으로 이뤄진 것이기에 상담실이 아닌 식당에서 모녀를 만났습니다. 엄마는 식사 시간 내내 아이에게 관심을 놓지 않았습니다. 말려 올라간 원피스 자락을 단정하게 내려주고, 무릎에 냅킨을 걸쳐주고, 자세가 흐트러지면 살짝 허리를 찔러 등을 펴도록 했지요. 물론 아이에게 말을 할 때도 예의 있는 존댓말을 사용했습니다. 그런데 말 한마디, 손짓 하나하나에서 역시 온기라곤 전혀 찾아볼 수 없었습니다. 내 아이가 아닌 남의 집 아이에게 예의범절을 가르치는 가정 교사의 느낌이랄까요. 엄마와 딸 사이에는 시종일관 냉랭한 긴장감이 흘렀습니다. 아이에게 쓰는 존댓말이 나중에는 아이를 옥죄는 목줄처럼 느껴졌다면 너무 심한 걸까요. 상대를 배려하는 것이 존중이라면 민희 엄마의 존댓말은 진짜 존댓말과는 거리가 멀었습니다.

요즘 아이에게 경어를 쓰는 부모님이 많이 눈에 띕니다. 하지만 '요'자를 붙여 말하는 외피보다 훨씬 중요한 것은 바로 '따뜻한 목소리'입니다. 따뜻함이 전제가 되어야 한다는 뜻이지요. 부모의 생각대로 아이를 조종하려는 의도에서 존댓말을 쓴다면 이는 부모와 자녀 사이를 무한대로 벌려놓는 부작용을 야기할 수 있습니다. 혹은 아이에 대한 과잉 친절로 아이를 유약하게 키우는 결과를 낳을 수도 있겠지요.

아이는 햇볕을 받아 광합성을 하는 나무와 같습니다. 쨍쨍 내리쬐는 햇볕도 능히 받아낼 수 있는 강인함을 키워줘야 하지요. 존댓말이 온실 속의 스프링클러나 난로 역할을 하게 되면 곤란합니다. 존댓말이 아이의 자아를 가두는 역할을 한다면 차라리 안 하는 게 낫겠지요. 온기 없는 존댓말은 아이를 부모로부터 멀리 밀어낼 뿐입니다.

"이리 오세요. 옷에 뭐가 묻었네요."

따뜻하게, 그리고 냉랭하게 각각 한 번씩 읽어보세요. 아이에게 존댓말을 하고 있다면 말에 온기부터 담아야 합니다. 품위 있는 말보다 더 우선이어야 하는 것, 아이를 향한 말은 정말 따뜻해야 합니다. 언제나 온기를 주는 부모에게서 아이는 세상을 살아가는 지혜와 세상을 품는 넉넉한 심성을 배웁니다. 말로써 아이를 밀쳐내는 부모 아래서 아이는 잘 자랄 수 없습니다. 부모의 존댓말에 반드시 밝고 따뜻한 온기가 담겨야 하는 이유입니다.

화를 내며 퍼붓는 욕설보다 웃는 표정으로 독기 어린 말을 할 때 더 소름이 돋습니다. 오래전 방영된 드라마 〈청춘의 덫〉에는 "당신, 부숴버릴 거야"라는 유명한 대사가 등장합니다. 주인공이 복수를 다짐하며 차분하게 나지막한 어조로 읊조렸던 이 말은 시청자들에게 강한 인상을 남겼습니다. 악을 쓰며 퍼붓는 것보다 더 확실한 복수를 예고하는 차분한 어조의 힘……. 이와 비슷한 이치로 존댓말을 사용할 때 냉정하면 오히려 친밀감을 떨어뜨릴 수도 있습니다. 존댓말은 예의 바르고 품격 있는 말이지만 다른 각도에서 보면 '경이원지(敬而遠之, 공경하되 가까이하지는 아니함)'의 형국이 될 수 있으니까요. 물론 긍정적으로 해석하면 서로 존중해 함부로 대하지 않는다는 뜻이지만, 다르게 보면 존경하지만 거리를 둔다는 의미도 담고 있기 때문입니다. 이런 이유로 부모가 어린 자녀에게 존댓말을 사용할 때는 좀 더 신중해야 합니다. 차가운 목소리에 담긴 존댓말, 친밀하지 않은 사이에서 사용하는 존댓말은 거리감, 나아가 두려움을 주기도 하거든요.

존댓말은 무게가 있는 말입니다. 그 무게를 아이가 충분히 감당

할 수 있을지 반드시 생각해야 합니다. 부모와 자녀 사이에 친밀감이 있어야지만 존댓말이 제 기능을 발휘할 수 있습니다. 아이를 꾸중하거나 통제할 때만 존댓말을 쓴다면 아이에게 존댓말은 차가운 말로만 느껴집니다. 혹시 존댓말을 휘둘러 아이에게 겁을 주고 있는 건 아닌지요.

존댓말로 아이를 고압적으로 대하는 지윤이 엄마, 존댓말로 아이를 숨 막히게 하는 민희 엄마 같은 부모님이 우리 주위에는 의외로 많습니다. 아이에게 금지어를 사용하면 부정적으로 되기 쉽다고 해서 평소에는 쓰지 않다가 부득이 써야 할 때만 금지어와 존댓말을 섞어 쓴다는 부모님들도 많습니다. 하지만 명심하세요. '안 돼'보다 '안 돼요'가 '하지 마'보다 '하지 마세요'가 아이를 존중하는 말은 아닙니다. 안아주는 게 아니라 따뜻하게 안아주는 게 중요합니다. 마찬가지로 존댓말이 아니라 따뜻한 존댓말이 중요합니다. 차가운 눈빛, 날카로운 음성이 존댓말과 만나면 아이가 받는 충격이 몇 배는 더 증폭됩니다. 존댓말이든 금지어든 말 속에 사랑과 온기를 담아주세요. 따뜻하고 다정한 말들이 햇살과 바람이 되어 아이를 의젓하고 올곧은 나무로 키워냅니다.

# 아이를 힘들게 하는 유형별 엄마의 말

### 1. 전지전능 형

– '엄마가 보니까 민재가 잘못한 거 같아. 얼른 사과해'라며 다 알고 있으니 꼼짝 말라

　는 엄마


### 2. 왔다 갔다 형

– 어떤 때는 무사통과, 어떤 때는 버럭 하며 좀처럼 종잡을 수 없는 엄마


### 3. 가짜 황희 정승 형

– '~구나' 이해하는 척하면서 겉으로만 듣는 엄마


### 4. 다 귀찮아 형

– '하지 마. 그럼 혼난다'며 말만 하고 아무 조치도 취하지 않는 엄마


### 5. 보상·체벌 형

– '숙제하면 이따 치킨 사줄게', '숙제 안 하면 놀이공원 안 데려가'라며 말로써 상과

　벌을 주는 엄마

## 6. 아빠 악역 형

– '아빠한테 이를 거야', '자꾸 그러면 아빠한테 혼난다'며 아빠에게 책임을 전가시키

는 엄마

# 말하지 않아도 전해지는 것들

## 몸도 말을 한다

횡단보도. 엄마가 아이의 손을 확 잡아끕니다.

(빨리 좀 와. 신호 바뀌겠다.)

완구점. 엄마가 장난감 자동차를 만지작거리는 아이의 손을 탁! 쳐냅니다.

(안 돼! 안 사줘.)

마트. 매대에서 캐릭터 신발을 집어 든 아이의 손에서 엄마가 신발을 홱 낚아챕니다.

(그 신발은 안 된다고 했지?)

놀이터. 뛰다가 넘어진 아들을 일으켜 세운 엄마가 아들의 엉덩이를 팡! 때립니다.

(그러게 엄마가 뛰지 말랬지.)

공원. 아이가 달려가다 돌부리에 걸려 넘어지자 엄마는 한숨을 내쉬곤 갈 길을 갑니다.

(당장 울음 그치지 못해? 엄마는 갈 테니 따라오든지 말든지 마음대로 해.)

아이가 더 큰 소리로 울며 엄마 뒤를 따라갑니다.

(엄마, 같이 가요. 안 울게요. 그런데 자꾸 눈물이 나요.)


엄마들은 하나같이 아무 말도 하지 않았습니다. 하지만 누구라도 엄마의 몸짓 또는 행동에서 괄호 안에 적힌 것처럼 '무언의 메시지'를 읽어냅니다. 바로 보디랭귀지, 즉 몸짓 언어를 통해서입니다. 다른 말로는 '비언어'라고 하지요. 표정, 시선, 몸짓, 상대와의 거리, 신체 접촉 등 다양한 표현 방식이 여기에 해당합니다. '메라비언의 법칙(The Law of Mehrabian)'에 따르면 인간의 소통에서 언어에 의한 메시지 전달은 7%에 불과하고, 나머지 93%가 시각과 청각의 비언어적 메시지로 이뤄진다고 합니다. 비언어가 그만큼 강력한 소통 도구라는 뜻이지요. 비언어를 통해 말하고자 하는 바와 감정을 보다 풍부하고 다채롭게 표현할 수 있거든요. 혹시 비언어로도 반말과 존댓말, 더 나아가 비어, 속어, 욕설을 할 수 있다는 사실을 아시는지요. '무언의 존중'이 있는가 하면 '무언의 욕설'도 있습니다.

산들바람이 남실거리는 5월의 초저녁, 공원에서 엄마가 나풀나풀 깡충거리는 딸의 손을 잡고 산책을 합니다. 마주 잡은 두 손이 말합니다.

'딸, 사랑해.'
'엄마, 저도 사랑해요.'

엄마와 딸은 손을 잡음으로써 서로의 사랑을 표현합니다. 서로를 아끼고 존중하는 마음을 나눕니다.

즐거움으로 가득한 놀이공원. 친구 같이 다정한 아빠가 서너 살쯤 되어 보이는 딸을 향해 팔을 활짝 벌려 내밉니다. 아이스크림을 손에 든 딸에게 아빠가 입을 '아~' 하고 벌립니다. 딸이 아이스크림을 입에 넣어주자 활짝 웃으며 딸의 볼에 입을 맞춥니다.

'아빠가 안아줄까요?'
'아빠도 한입 주세요.'

'요'가 붙은 말은 한마디도 들리지 않았지만 아빠는 딸에게 예의를 갖춰 사랑과 애정, 고마움을 표현했습니다. '요'나 '시'가 붙는 것이 존댓말의 전부는 아니라고 누차 강조했지요. 존댓말은 존중에서 우러나는 말이요, 상대를 위하고 배려하는 말입니다. 모녀의 서로 꼭 쥔 손길, 아빠의 미소와 포옹은 그 자체로 서로를 위하고 높여주는 존댓말입니다.

앞서 소개한 이야기에서 아들이 놀이터에서 뛰다가 넘어지자 엄마는 얼른 달려가 아이를 일으켜 세운 후 엉덩이를 팡! 때립니다. 엄마는 아들이 넘어지자 부리나케 달려갔습니다. 아이에 대해 관심과 애정이 있는 엄마지요. 넘어진 데 대한 안타까움이 엿보입니다. 하지만 이 엄마의 손길에서는 따끔한 질책이 들리는 듯합니다.



아이들은 놀이터에서 뛰기 마련입니다. 설령 아이가 잘못을 했더라도 질책하지 않고 조심해야 한다는 메시지만 전달할 방법은 없었을까요?

또 다른 이야기. 아이가 뛰다가 넘어졌는데 엄마는 한숨만 푹 쉬고 그냥 가버립니다. 엄마의 한숨에선 사랑과 관심 대신 체념과 귀찮음, 일말의 포기마저 느껴집니다.



부모는 어떤 일이 있어도 아이를 포기해서는 안 됩니다. 물론 포기했다는 느낌, 무관심하다는 느낌을 주어서도 안 됩니다. 부모는 말 못지않게 몸짓 언어가 아이에게 엄청난 영향을 미친다는 점에 유의해야 합니다. 부모는 언어는 물론 비언어에 있어서도 아이에게 바람직한 롤 모델이 되어야 합니다.


## 앞바라지가 먼저다

부모는 자녀가 어릴 때부터 좋은 습관을 갖게 해주고자 많은 노력을 기울입니다. 세 살 버릇이 여든까지 간다니 아이가 평생 좋은 습관을 가지고 살아갈 수 있도록 애를 쓰는 것이지요. 그뿐만 아니라 아이의 자존감을 키우고자 최대한 기를 살려주고 자신들의 노후까지 내팽개친 채 아이 교육에 모든 걸 쏟아붓습니다.

자녀 교육에 엄청난 돈을 들이붓는 세태가 사실 요즘 일만은 아닙니다. 1960년대에는 부모들이 속옷을 기워 입고, 내가 먹는 밥을 줄이는 한이 있더라도 자녀의 공부 뒷바라지에 열을 올렸지요. 1970년대에는 자식의 대학 등록금을 대기 위해 대대손손 내려온 전답 및 살림 밑천인 소까지 내다 파는 일이 빈번했습니다. 그런가 하면 1980년대에는 아이를 좋은 학군으로 보내려는 부모들이 위장 전입을 유행처럼 일삼았지요. 시대를 막론하고 부모들은 하나같이 자녀 뒷바라지에 아낌없이 등골을 빼주었습니다. 목표는 단 하나, 내 자식이 성공해서 잘사는 것이었지요. 자식에 대한 뒷바라지와 투자는 부모의 희생을 전제로 합니다. 하지만 그렇게 용을 쓰며 자녀를 키운 5,60대 베이비붐 세대는 이렇게 푸념합니다.

"뼈 빠지게 공부랍시고 가르쳐봤자 다 소용없다."

나이 든 아버지들은 은퇴하고 나면 아버지로서의 권위가 오간데 없이 사라진다고 비애를 토로합니다. 오죽하면 '아버지가 돈이 없으면 더 이상 아버지가 아니다'라는 자조 어린 우스갯소리까지 있을까요. 다음의 일화는 이런 세태를 잘 보여줍니다.


며느리가 방문을 두드리자 나이 든 시어머니는 방바닥에 펼쳐 놓았던 통장을 화급히 거둬 자신이 깔고 앉은 방석 아래로 밀어 넣습니다. 미처 다 집어넣지 못한 통장 두어 개가 방바닥과 방석 사이로 비죽 비어져 나옵니다. 과일을 들고 온 며느리는 흘깃 통장을 곁눈질합니다. 며느리의 입가에 미소가 번지며 목소리가 전에 없이 상냥하고 나긋해집니다.

"어머니이~ 과일 드세요오~"

며느리가 방 밖으로 나가자 시어머니는 통장을 차곡차곡 정리해 방석 밑에 넣어둡니다. 언제든 다시 꺼내기 쉽도록 말이지요.

세월이 지나 시어머니가 돌아가셨습니다. 장례식장에서 문상객들은 며느리를 두고 '시어머니에게 그렇게 극진할 수가 없다'며 칭찬을 아끼지 않았습니다. 장례를 지낸 후 며느리는 시어머니의 유품을 정리하다 장롱 서랍에서 통장을 찾아냈습니다. 그런데 웬일인가요. 그 많은 통장은 돈이 단 한 푼도 없는 빈 통장이었습니다.

시쳇말로 '웃픈' 이야기지요. 젊은 며느리들은 가진 돈이 많은 척하며 효도를 유도한 시어머니의 작전에 고개를 절레절레 흔들지도 모릅니다. 하지만 시어머니 입장에서는 지혜를 발휘한 것이었죠. 칼로 흥한 자 칼로 망한다는 속담이 있습니다. 물질로 키운 아이는 물질로 멀어지기 십상입니다. 부모의 물질이 떨어지면 자녀의 그림자가 끊긴다는 이야기가 주변에서 수도 없이 들려옵니다. 아무리 물질 만능주의 사회라지만 부모와 자식 사이마저 돈이 좌우해선 결코 안 되지요.

　돈과 부모의 희생이 따르는 뒷바라지보다는 '앞바라지'가 훨씬 중요합니다. 아이가 어릴 때부터 말과 행동으로 사랑하고 존중하면서 키우는 것이 바로 앞바라지입니다. 앞바라지엔 돈이 들지 않습니다. 자녀 양육은 돈이 아닌 몸으로, 그리고 온 마음으로 해야 합니다. 부모와 자식 사이에는 물질과 관계없이 무조건적인 사랑과 애정이 흘러넘쳐야 합니다. 말로, 몸짓으로 사랑과 존중을 표현하며 아이를 키우는 것이 그 비결입니다.

온화하고 여유 있는 눈빛으로 아이를 바라봐주세요.
가식 없는 미소와 따스한 웃음으로 아이를 맞아주세요.
부드럽고 따뜻하게 아이의 손을 잡아주세요.

　아이와 대화할 때마다 '부모 사랑 표현 3종 세트'를 모두 동원해주세요. 아이에게 온전히 집중하고 고개를 끄덕여주세요. 이것이 바로 아이를 존중하고 온 마음을 다해 사랑하는 부모의 모습입니다. 언어에 비하자면 '극존칭'이라고 할 수 있겠지요. 이렇게 키운 아이는 부모의 사회적 지위나 경제적 능력, 외모나 학벌에 관계없이 부모에게 사랑과 존경을 돌려줄 겁니다. 이 세상이 끝날 때까지 조건이 아닌 그저 있는 그대로의 부모를 사랑하고 존경해주는 자녀, 탐나지 않으신가요?


## 침묵과 표정으로 하는 존댓말


지난 2011년, 미국의 애리조나 주에서는 총기 난사 사건으로 희생된 사람들을 위한 추모식이 열렸습니다. 이 자리에서 오바마 대통령은 이 사건을 두고 서로 비난해서는 안 되며 단결해야 한다고 호소했습니다. 오바마 대통령은 연설에서 희생자 중 한 명인 크리스티나 그린을 언급하며 "나는 우리의 민주주의가 크리스티나가 상상한 것처럼 좋았으면 합니다. 우리 모두는 아이들의 기대에 부응하는 나라를 만들기 위해 최선을 다해야 합니다"라고 말했습니다. 그리고 침묵했습니다. 그 시간은 51초였습니다. 전체 연설 중 결코 짧지 않은 시간 동안 그는 표정으로 말했습니다. 어떤 강력한 메시지도 이를 능가할 수 없었습니다. 오바마 대통령이 연설 마지막 부분에서 51초간 침묵하며 보인 모습은 국민과 언론들로 하여금 소통을 이끌어내는 결과를 낳았습니다.

말보다 더 강력한 소통에 대해 강의를 할 때마다 저는 오바마 대통령의 추모 연설 동영상을 예로 듭니다. 미국 국민들의 심금을 울렸다고 평가 받는 51초간의 침묵. 하지만 그는 말을 멈춘 것이 아니었습니다. 표정으로 말을 하고 있었습니다.



글과 말로 다 표현하지 못할 내용을 오바마 대통령은 51초 동안 표정으로 전했습니다. 강력하면서도 분명한 메시지였지요. 그의 표정은 깊은 슬픔과 애도, 더불어 국민에게 보내는 위로와 사랑을 충분히 담아내고 있었습니다.

부모 역시 자녀에게 표정만으로도 존중과 격려, 그 밖의 무수한 긍정 메시지를 전할 수 있습니다. 의사소통에서 언어보다 비언어의 비중이 훨씬 크다고 했지요. 표정 역시 수없이 많은 의사를 표현합니다. 특히 아이를 대하는 부모나 교사는 얼굴 표정에 세심한 신경을 써야 합니다.

그런 면에서 미국 샌프란시스코에서 만난 한 미국인 부부는 아이를 대하는 '표정'의 중요성을 새삼 일깨워줬습니다. 부부는 해안 풀밭에서 아이를 지켜보고 있었습니다. 두 살 정도 됐을까요. 아장아장 걷다가 넘어진 아이는 벌떡 일어나 뒤뚱거리며 달려와 엄마가슴에 얼굴을 파묻고 까르르 웃었습니다. 그러더니 뒤로 돌아 걷다가 아빠를 바라보며 앙증맞은 목소리로 말을 걸더군요. 이내 다시 뛰던 아이는 아빠에게 다가와 아빠 배를 베개 삼아 누웠습니다. 지극히 평범한 가족의 일상이었습니다. 그 장면에서 제 눈을 사로잡았던 것은 부부의 표정이었습니다. 아이의 몸짓과 동작을 하나하나 지켜보며 놀라움과 기쁨으로 시시각각 변해가던 표정은 낯선 이방인까지 흐뭇하게 만들었지요.

한참 즐겁게 뛰놀던 아이가 갑자기 칭얼거리기 시작했습니다. 조금 전까지 까르르 웃던 아이가 언제 그랬냐는 듯 짜증을 부리고 징징거리며 눈물 콧물을 쏟아냈습니다. 잠투정이 심한 모양이었지요. 순간 아이의 부모를 눈여겨보았습니다. 과연 어떤 표정을 지을까 궁금했기 때문이지요. 그런데 실로 놀라운 일이었습니다. 부부 중 누구도 아이를 향해 '왜 그러느냐'고 묻지 않더군요. 아빠는 아이를 번쩍 안아 올린 다음 어르기 시작했습니다. 짜증은커녕 허니며, 베이비며 금방이라도 입안에서 꿀이 뚝뚝 떨어질 것 같은 다정한 목소리였지요. 엄마 역시 두 사람을 따뜻한 눈빛과 부드러운 표정으로 바라보고 있었습니다. 아이가 엄마를 향해 두 팔을 벌리자 엄마는 "이제 엄마 품에서 자고 싶니?"라고 물었고, 아빠는 조심스레 아이를 엄마에게 넘겨주었습니다. 그러고 나서는 엄마와 아이의 어깨를 부드럽게 쓰다듬어줬지요. 부부는 아이가 잠들 때까지 한

결같은 표정과 목소리로 아이와 함께해주었습니다. 부부는 알았던 겁니다. 아이가 도대체 왜 그러는지를 말입니다. 아이는 잠투정을 하는 거였지요. 부부는 "잠이 오면 그냥 자면 되지 대체 왜 그러니? 엄마 아빠 힘들게……"라는 불필요한 말로 에너지를 낭비하지 않았습니다. 그 대신 아이를 충분히 안아주고 달래며 투정을 받아주었습니다.

그날 부부를 관찰하며 표정이 말에 힘을 실어주고 가치를 더해준다는 사실을 절감했습니다. 입은 감쪽같이 거짓말을 해도 표정에는 가식이 드러나기 마련이거든요. 표정은 말보다 강력합니다. 부드럽고 온화한 표정은 아이가 감정을 조절하지 못해 힘들어할 때 마음에 안정감을 주고 평화를 깃들게 해줍니다. 오바마 대통령이 침묵의 연설을 통해 표정으로써 깊은 슬픔과 애도를 표현했다면 이 부부는 표정으로써 실로 찬란하고 온전한 기쁨을 보여주었습니다.

표정은 얼굴뿐만 아니라 몸에도 있습니다. 앞서 등장한 부부의 모습을 떠올려볼까요. 부부가 아이를 안고 어르고 쓰다듬는 모든 동작에는 아이를 소중하게 생각하는 마음과 따뜻함이 배어 있었습니다. 그 표정과 손길이 바로 존댓말이었지요.

'그래, 그래. 졸리지. 착한 우리 아가가 그냥 투정부릴 리 없지. 너무 졸린데 잠이 쉽게 들지 않아서 너도 지금 많이 힘든 거지? 괜찮아. 엄마 아빠가 안아주면 편안해질 거야. 그래, 아가. 엄마 아빠가 잠이 잘 들도록 도와줄게. 자장자장. 토닥토닥.'

이런 메시지가 몸짓을 통해 전해졌지요. 아이가 엄마를 향해 팔을 벌리자 아빠는 아이의 엉덩이를 가볍게 토닥였습니다. 그리고 미소를 지으며 엄마에게 아이를 건넸습니다. '여보, 우리 아기가 당신한테 안기고 싶대요. 여보, 아기를 안아줘요'라는 몸의 표정이었지요. 엄마 또한 미소로써 아이를 안았습니다. 몸무게가 제법 나가 보이는 아이를 받아들면서도 '아빠가 안아줄 때 잠들면 좀 좋아. 아휴, 힘들다'가 아니라 '어서 와 아가야. 넌 엄마 품이 정말 좋구나'라는 몸짓이었습니다. 그들이 보여주는 몸의 표정은 하나하나가 부드럽고 따뜻하고 사랑스러웠습니다.

말하지 않아도 알 수 있는 것은 사실 얼굴과 몸의 표정으로 전해집니다. 느낌이 제대로 전달된다면 그것이 바로 완벽한 대화이고 의사소통이겠지요. 부모의 따뜻한 표정과 다정한 몸짓이 바로 아이를 존중하는 '존댓말'입니다. 경멸하는 표정, 무시하는 몸짓은 욕설이나 언어폭력과 다름없습니다. 얼굴과 몸의 표정은 어쩌면 어른보다 아이들에게 더 정확히 전달될 겁니다. 아이들의 안테나는 부모를 향해 민감하게 작동하고 있으니까요.

지금 부모님의 얼굴과 몸의 표정은 어떤가요. 아이를 향한 부모님의 눈가와 입가는 어떤 말을 하고 있나요. 모쪼록 둥글고 부드럽고 온화하며 말랑말랑한 말이었으면 합니다. 다양한 표정으로 다양한 사랑을 표현하는 것 또한 아이를 잘 키우는 비법입니다. 그리고 이것이 곧 아이를 충만하게 하고 무럭무럭 성장하게 하는 존중이며 존댓말입니다.

## 아이와 대화할 때 바람직한 부모의 행동

### 1. 표정

– 멸시와 조롱을 담은 얼굴 표정은 '욕'입니다.

– 무표정은 '공포의 침묵'이고 '협박'입니다.

– 미소와 웃음은 '존댓말'입니다.

### 2. 손짓

– 손가락 하나로 까닥까닥 부르는 건 '속어'나 '비어'입니다.

– 손 전체를 부드럽게 사용하여 가리키는 것은 존댓말입니다.

– 억지로 잡아끄는 손잡기는 일방적인 '따라와' 또는 명령식 '하지 마'의 의미를 담은 언어폭력입니다.

– 따뜻한 손잡기는 '사랑해', '너를 존중해'라는 뜻이 담긴 표현입니다.


## 3. 눈짓

– 바라보세요.

– 마주 보세요.

– 미소를 지어주세요.

– 고개를 끄덕여주세요.


## 4. 추임새

– 공이 가볍게 통통 튀는 듯한 표정으로 아이의 말에 반응해주세요. '어머나', '세상에!', '그랬어?', '그랬구나', '원더풀!', '굿!', '나이스' 등 어떤 추임새도 좋습니다. 부모님이 가장 잘할 수 있는 추임새를 넣어주세요.


## 5. 몸짓

– 안아주세요. 온몸으로 따뜻하게 안아주세요.

– 아이가 투정부리고 짜증을 낼 때는 더 부드럽게 안아주세요.

– 잡아채듯, 낚아채듯 안으려면 차라리 안지 마세요. 이는 몸으로 전하는 비난의 말이며 몸으로 행사하는 폭력입니다.

　－ 아이를 바라볼 때 위압적인 자세는 삼가세요. 부모는 아이보다 거대합니다. 거대한

　몸으로 위압적인 자세를 보이는 것은 몸으로 전하는 협박의 말이며, 이때 아이는

　공포를 느낍니다.

# 인내하는 말은 아름답다

## 천천히 기다리기

"어떤 걸 고를래요? 이거? 아니면 저거?"

"아니요."

"아냐? 그럼 어떤 거? 왜 못 고르고 그래. 그럼 이거?"

"음, 아니."

"또 반말이다. 그럼 안 사준다고 했지? 할아버지 아시면 너 혼난
다. 반말 습관 되잖아. 그리고 자꾸 아니라고만 하지 말고 말을 해

야 알지. 이거? 또 아니야? 도대체 어쩌라고! 엄마 시간 없어. 어휴, 힘들어. 이거?"

"아니요, 그게 아니고……."

아이가 말끝을 흐립니다.

"뭐라고? 입속으로 웅얼웅얼 뭐라고 하는 거야? 제대로 말해요. 또박또박!"

한 문구점에서 엄마가 아이를 나무라는 모습을 보게 됐습니다. 사실 아이의 눈은 엄마가 가리키는 곳과는 사뭇 다른 곳에 가 있었습니다. 엄마는 아이가 원하는 것이 아닌 엄마가 원하는 것을 사주려고 하는 듯했지요. 엄마는 아이에게 '고르라'고 했지만 원하는 선택지를 주지 않았고, '말하라'고 했지만 대답을 기다려주지 않았으며, '또박또박 이야기하라'고 했지만 정작 엄마의 말투는 속사포처럼 빠르고 불친절했습니다.

떼를 쓰거나 응석을 부리는 아이에게 '아니'와 '아니요'를 구별시키는 게 과연 의미가 있을까요. 지금 당장 아이에게 필요한 것은 존댓말을 가르치는 게 아니라 마음속의 욕구를 읽어주는 겁니다. 엄마는 성인이고 아이보다 훨씬 성숙한 인격을 가지고 있습니다. 물론 엄마도 사람인지라 아이가 떼를 쓰면 당연히 화가 치밀어 오를 수 있지요. 하지만 그럴수록 감정을 조절하고 통제하는 것이 인격이 성숙한 성인, 즉 엄마에게 요구되는 미덕입니다. 엄마는 떼를 쓰는 아이의 마음을 읽어주지 않았습니다. 오히려 그 상황에서 전혀 중요하지 않은 존댓말을 지적했지요. 또 다른 문제는 인내심의 부재입니다. 아이에게 질문을 던지곤 미처 생각할 틈도 주지 않은 채 대답을 채근했습니다. 그리고 계속해서 먼저 답을 제시하며 마치 광속 같은 빠르기로 잔소리를 쏟아냈지요.

문구점에서 만난 모자는 부모가 자녀에게 말을 할 때 꼭 기억해야 할 덕목을 일깨워줬습니다. 먼저 말의 속도입니다. 엄마는 속사포처럼 빠르게 말을 쏘아붙이면서 아이에게는 또박또박 말하라고 강요했습니다. 이것은 모순이지요. 특히 엄마들은 잔소리를 할 때 말이 엄청나게 빨라집니다. 당장의 문제뿐만 아니라 평소 마음에 담아두었던 말까지 모조리 쏟아내기 때문이지요.

둘째, 기다려주기입니다. 사실 화가 나면 말이 빨라지고 상대의 말문까지 막아버리기 쉽습니다. 듣는 사람을 고려하지 않고 자신의 감정을 토해내기 바빠서입니다. 이는 자칫하면 한쪽의 일방적인 화풀이로 변질될 위험이 있습니다. 하지만 엄마는 아이에게 또박또박 말하라고 요구했습니다. 이 또한 모순이지요. 부모와 자녀가 대화를 할 때 부모는 자녀가 충분히 말을 할 수 있도록 기회를 주고 기다려줘야 합니다.

그리고 아이가 말을 잘하길 바란다면 엄마가 먼저 그런 말을 들려줘야 합니다. 아이가 또박또박 말하길 바란다면 엄마가 먼저 또박또박 말해줘야 합니다. 덧붙여 "너는 왜 그렇게 웅얼웅얼 말하니?"라는 지적은 금물입니다. 언젠가 우리 아이가 수많은 청중 앞에서 연설을 하게 될 날이 올지도 모릅니다. 비단 대중이 아니더라도 학교에서, 또 사회에 나가 여러 명 앞에서 말을 할 일이 수도 없이 많을 겁니다. 우리 아이가 연령과 학력에 관계없이 듣는 이의 마음을 움직여 감동을 주는 멋진 언어 구사력을 갖추길 원한다면 유능한 언어 사용자로서의 경험이 많이 필요합니다. 그런데 그런 경험은커녕 엄마의 거듭된 지적으로 '난 말을 못하나 봐. 엄마가 내 말을 못 알아들으시네. 나는 늘 웅얼거리는 아이야'라는 생각이 각인되면 과연 어떻게 될까요.

엄마가 아이의 말을 기다려주지 않고, 화났다고 해서 말을 빨리 하는 것은 아이를 무시하는 처사입니다. 엄마가 빠른 속도로 쏟아내는 잔소리와 질책을 아이가 얼마나 이해할 수 있을까요? 말 잘하는 아이로 키우려면 아이를 무시해선 안 됩니다. 무시는 곧 아이에게 비속어를 쓰는 것이나 마찬가지거든요. 다그치고 쏘아대는 말로는 아이의 마음을 절대 어루만질 수 없습니다. 그 말들은 마치 욕설처럼 아이의 마음에 상처를 내는 칼날이 될 뿐입니다.


영어권 국가에서 부족한 영어로 물건을 사거나 음식을 주문한 경험이 있다면 아마 더 와 닿으실 겁니다. 미국 맥도날드에서 햄버

거를 사먹으려다 결국 엉뚱한 걸 사들고 나왔다는 부류의 주문 실패담은 심심치 않게 들어보셨겠지요. 저 역시 그런 경험이 있습니다. 길지도 않은 점원의 말을 알아듣기가 굉장히 어렵더군요. 조금 느리게 말해달라고 요청해도 그 속도는 거의 비슷했고요. 점원 앞에서 주눅이 드니 점점 작아지는 것 같고 무능감과 자책감까지 생겼습니다. 결국 무조건 '예스', '예스'로 일관하다가 당초 주문하려던 메뉴와는 전혀 거리가 먼 메뉴를 받아들고 돌아선 씁쓸한 기억이 있습니다.

그런데 같은 미국에서도 고가의 물품을 파는 매장에서는 상황이 전혀 달랐습니다. 영어 실력은 그대로인데 점원과의 의사소통엔 조금도 어려움이 없었지요. 차이는 간단합니다. 그들이 저를 비로소 '고객'으로 대한 것입니다. 손님을 넘어 심지어 '귀한 손님'으로 여기니 언어 수준을 맞춰주는 서비스를 제공한 것이지요. 더 큰 차이는 여유와 기다림입니다. 고객의 수준을 파악해 그에 맞추려 노력하고, 고객이 이해했는지 천천히 살피며, 고객의 서툰 말을 알아들으려고 귀를 쫑긋 세워 노력하는 마음이 있었기 때문이지요. 영어가 서툰 이방인에게 귀찮은 표정으로 속사포 같은 영어를 쏟아붓는 대신 쉬운 어휘로 차분하게 설명을 해주는 것, 이것이야말로 진정한 존중이며 진짜 존대하는 말이 아닐는지요.

미국에서의 극과 극 경험은 존중하는 말이 무엇인지 새삼 깨닫는 계기가 됐습니다. 영어에는 존댓말이 없다고 하지만 사실은 그렇지 않습니다. 문법이나 형식보다는 상대를 배려하고 존중하는 마음이 있느냐 없느냐가 존댓말의 본질입니다. 상대를 존중하는 존댓말은 상대로 하여금 말할 맛이 나게 하고 자존감을 세워줍니다. 반대로 존중이 없는 말은 말할 의욕을 떨어뜨리고 자존심을 짓밟지요. 자신이 말을 잘한다고 해서 상대가 알아듣지 못할 속도로 말한다면 그 사람은 말을 잘하는 사람이 아니라 그저 불친절한 언어 사용자일 뿐입니다.

아이에게 빨리 말하라며 다그치고 말할 때까지 기다려주지 않는 것은 무슨 의미일까요. 아이를 뜨내기손님으로 대할지, 아니면 귀한 손님으로 대할지는 전적으로 부모님의 선택에 달려 있습니다. 생면부지의 점원도 물건을 살지 안 살지 모르는 고객을 성심성의껏 응대하는데, 하물며 아이를 사랑하는 부모라면 더더욱 아이의 수준에 맞춰 인내와 여유를 가지고 부드럽게 응대해줘야 하지 않을까요.

유아기 아이들은 영어 초보와 마찬가지로 '언어적 약자'입니다. 유아기 아이들은 "음……", "움……" 하는 말을 자주 사용하지요. 아이가 생각을 하고 있다는 신호입니다. 그런데 그런 아이에게 빨리 대답하라고 재촉하다니 스위스의 아동 심리학자 장 피아제(Jean Piaget)가 보게 된다면 호통을 칠 일입니다. 아이는 생각을 모두 정리하고 나서야 말을 하는 발달 단계에 있는데 그런 시간을 주지 않고 어른의 눈높이로 다그친다고 말이지요. 이방인을 배려하지 않고 속사포 영어를 내뱉는 불친절한 직원이나 태어난 지 고작 몇 십 개월밖에 안 된 아이에게 다다다 쏘아대는 부모나 불친절하고 무시하는 태도는 오십보백보가 아닐까요.


### 최고의 부모가 되는 비결

몇 년째 여름마다 샌프란시스코로 휴가 겸 집필 여행을 갑니다. 처음에 그곳을 휴가지로 선택했던 이유는 날씨에 반해서였습니다. 하지만 이제는 '교수법'을 배우러 갑니다. 직접 관련된 프로그램을 수강하는 것은 아니지만 오랜만에 '학생' 신분이 되어 역지사지를 경험하기 위해서지요. 특히 외국인에게 초급 영어를 가르치는 기초반의 교수법은 유아 교사나 영유아 부모에게 들려줄 더없이 좋은 이야깃거리가 됩니다. 또한 전 세계 출신의 친구들과 교류하며 새로운 글감을 얻는 기쁨도 크지요.

특히 샬롯 선생님을 만난 건 정말 행운이었습니다. 샬롯 선생님은 제가 유아 교사를 지망하는 학생들에게 가르쳐주고 싶은 거의 모든 것을 교실에서 보여주었습니다. 창의적인 질문, 질문을 던진 후 기다려주는 방법, 가르치는 말의 속도, 심지어는 엉뚱한 답에 존중을 담아 반응하는 지혜와 그러면서 정답을 제대로 알려주는 노하우까지……. 한마디로 그녀는 '유아를 위한 황금 교수법'의 보고였습니다.

샬롯 선생님은 학생이 오답을 말할 때마다 '비교적 답에 가깝지만~'이라는 말로 다시 한 번 대답할 기회를 주었습니다. 역시 선생인 제가 지금이라도 당장 학생들에게 들려주고 싶은 에피소드들이 매일매일 눈앞에서 펼쳐졌지요. 저보다 한참 젊은 샬롯 선생님이 'Young Ju'라며 제 이름을 부르고 'You'라고 칭할 때도 전혀 반말처럼 느껴지지 않았습니다. 말의 속도를 상대에게 맞추고, 상대가 알아들었는지 확인하며 그다음을 이어가는 것이야말로 존댓말이라는 사실을 다시금 깨닫는 시간이었지요.

귀국 전 마지막 날, 저는 마음을 담아 샬롯 선생님께 편지를 썼습니다. 'You are the best teacher!' 그리고 매일 숙제를 검사할 때 요긴하게 사용하길 바라며 볼펜 선물과 함께 편지를 전했지요. 그녀는 과제를 일일이 그리고 정성껏 학생들을 격려하며 피드백해줬거든요. 샬롯 선생님은 진정한 존대에는 말의 속도와 기다림이 포함된다는 귀한 교훈을 준 최고의 선생님이었습니다. 이 글을 읽는 부모님들도 아이들에게 '최고의 부모님'이 되는 비결을 마음에 담으셨으리라 믿습니다.

# 말의 속도와 휴지(休止)

**1. 또박또박 천천히 말해주세요.**

– 책을 읽는 속도보다 약간만 빠르게 하는 정도가 또박또박 정확하게 전달됩니다.

– 어린아이에게는 빨리 말할 필요가 없습니다. 부모의 말은 일방적 전달이 아닌 마주

보는 대화가 되어야 합니다.

– 특히 화났을 때 말의 속도가 빨라지지 않도록 주의하세요.


**2. 질문한 다음 생각할 시간을 충분히 주세요.**

– 휴지(Pause)는 아이의 생각을 키우는 시간입니다. 생각한 다음 말하는 것이 습관이

되어야 말 잘하는 아이가 될 수 있습니다.

– 어릴수록 '음……'이라는 발어사를 많이 사용합니다. 아이는 어떤 말을 할까 생각

중이지요. 이때 빨리 말하라고 다그치는 것은 생각하지 말라는 뜻입니다. 할 말을

생각해서 말해야 아이의 말이 야물어집니다.

– 아이에게 물었으면 대답을 기다려주세요. 묻기만 하고 답을 기다리지 않는 것은 아

이를 무시하는 행동입니다.

# 존중의 종결자, 경청과 공감

## 토토와 이슬이의 이야기

그때, 토토는 왠지 태어나서 처음으로 진짜 좋아하는 사람과 만난 것 같은 기분이 들었다. 그도 그럴 것이 태어나서 지금까지 이렇게 긴 시간 동안 자기 얘기를 들어준 사람이 없었던 것이다. 그리고 그 오랜 시간 동안 단 한 번도 하품을 하거나 지루한 표정을 짓지도 않고, 토토가 얘기할 때처럼 똑같이 몸을 앞으로 내민 채 열심히 들어주었던 것이다.

— 구로야나기 테츠코, 『창가의 토토』

집필 차 떠난 여행길, 오래전 공항에서 읽었던 『창가의 토토』를 다시 손에 들었습니다. 토크 쇼 진행자이자 여배우인 저자가 어린 시절을 토대로 쓴 자전적 소설이지요. 일반 초등학교에 적응하지 못한 주인공 토토가 남다른 아이들의 생각과 개성을 존중하는 학교로 전학을 가면서 겪는 변화가 주된 줄거리입니다. 굳이 장르를 분류하자면 사실 동화 혹은 생활 동화라 할 법한 이 책은 마치 판타지 소설처럼 독자에게 따뜻하고 몽환적인 느낌을 불어넣습니다. 실화를 토대로 지은 이야기인데 왜 환상 같은 느낌이 들까요. 공항 대합실 의자에 앉아 저는 옆에 다른 사람이 있다는 것도 까맣게 잊은 채 "와, 대단해. 와, 훌륭해"를 연발하고 있었습니다.

지유가오카 전철역에 도착한 아이는 직원에게 차표를 건네주지 않으려고 버팁니다. 난생처음 타본 전철, 그 소중한 경험을 상징하는 차표를 남에게 주고 싶지 않기 때문입니다. 첫머리부터 독자는 주인공 토토가 예사롭지 않은 아이임을 눈치채게 됩니다.

기발하고 창의적이며 남들이 찾아내지 못하는 사실을 발견하고 표현력이 뛰어나며 정이 넘치는 여자아이. 개인적으로 토토를 한마디로 정의하라면 사랑스러운 아이라고 하고 싶습니다. 하지만 학교에서 토토를 바라보는 시선은 영 딴판이지요. 교실 안에서 토토는 문제아에 불과합니다. 수업에는 아랑곳없이 창가에서 악사 아저

씨를 기다리고, 창가로 날아든 새에게 말을 건네는가 하면, 처음 접한 책상을 신기해하며 열었다 닫았다 덜컥거리는 소리를 냅니다. 호기심이 생기면 곧바로 해결해야 직성이 풀리거든요. 담임선생님은 이런 토토를 참아내지 못합니다. 그래서 '아무리 인내심이 강한 교사라도 참을 수 없게 만들며, 산만한데다 수업 분위기까지 흐리는 이해 불가 통제 불가 아이'로 낙인찍히죠. 학교에서 토토는 한마디로 '이상한 아이'입니다.

'이상한 아이' 토토가 '이상한 학교'인 도모에 학원으로 전학을 가면서 이야기는 흥미진진해집니다. 교장 선생님은 토토가 아무리 이상한 이야기를 하더라도 끝까지 웃으면서 들어줍니다. "얘기하고 싶은 것을 전부 말해보라"는 교장 선생님에게 토토는 난생처음 자신의 이야기를 마음껏 하게 됩니다. 그리고 토토는 진짜 좋아하는 사람을 만난 것 같은 기분을 느낍니다. 태어나서 지금까지 이렇게 긴 시간—꼬박 네 시간—동안 자신의 이야기를 들어준 사람은 없었거든요. 게다가 교장 선생님은 토토와 똑같이 몸을 앞으로 내민 채 열심히 들어주었습니다. 토토는 이내 교장 선생님을 좋아하게 되지요.

이 책에 대해 제가 하고 싶은 이야기를 마음껏 하려면 밤을 새도 모자랄 것 같습니다. 도모에 학원의 특별한 수업 방법, 자유로운 영혼의 아이들, 개성 넘치는 아이들이 서로를 존중하며 자유 속에서 질서를 지켜나가는 방식 등 교육에 몸담고 있는 사람으로서 매력적인 이야깃거리가 무궁무진하니까요. 하지만 여기서는 오로지 '경청'에 대해서만 이야기하려고 합니다. 도모에 학원의 교장 선생님이야말로 경청의 모범 답안을 보여주고 있기 때문입니다. 『창가의 토토』는 존댓말, 나아가 존중의 종결자가 경청임을 확신하게 해준 귀중한 책입니다.

토토의 이야기를 듣고 있는 교장 선생님의 모습을 한번 상상해보세요. 토토를 향해 귀를 기울이고 몸을 내민 채 눈을 반짝반짝 빛내며 흥미진진한 표정으로 이야기를 듣고 있는 모습을 말입니다. 열과 성을 다해 이야기를 풀어놓는 토토만큼이나 열과 성을 다해 이야기를 경청하려는 교장 선생님의 자세는 어떤 면에서는 거룩해 보일 정도입니다.

요즘 유행하는 대화 코칭에서 빠짐없이 등장하는 용어가 바로 경청입니다. 시대가 변하면서 경청은 그만큼 중요한 덕목으로 급부상했습니다. 부모나 교육자는 물론 회사의 팀장이나 CEO에 이르기까지 누군가를 이끄는 사람이라면 특히 경청의 중요성을 귀에 못이 박히도록 듣게 되지요.

'경청(傾聽)'은 말 그대로 '기울여 듣다'라는 뜻입니다. 저는 여기서 '기울일 경(傾)'의 의미를 한 번 더 강조하고 싶습니다. 귀를 기울이고, 마음을 기울이고, 상대의 말을 넘어 그 마음까지 기울여서 들으려고 하는 것이 경청이거든요. 누구나 쉽게 경청이 필요하다고 하지만 누군가의 말을 이렇게 열심히 듣기란 결코 쉬운 일이 아닙니다. 하지만 교장 선생님은 경청을 정말 온 몸으로 실천했습니다. 세간의 표현을 빌리자면 경청의 단계를 넘어 존중의 끝판왕이라고나 할까요.

토토의 이야기를 하다 보니 일본의 그림 동화책 『이슬이의 첫 심부름』을 읽으며 되새겼던 존중의 의미가 다시 떠오릅니다. 다섯 살 꼬마 이슬이는 처음으로 혼자 엄마의 심부름을 가게 됩니다. 가게에 가서 우유를 사 오는 일이지요. 하지만 이슬이는 담배를 사러 온 아저씨, 빵을 사러 온 아줌마에게 밀려 좀처럼 우유를 달라고 말하지 못합니다. 슈퍼마켓 아주머니는 몸집도 작고 목소리도 작은 이슬이의 존재를 알아차리지 못하지요. 용기를 다해 "우유 주세요!"라고 외친 이슬이를 뒤늦게 알아본 아주머니는 몸을 굽혀 이렇게 말합니다.

"어머, 꼬마 아가씨! 알아보지 못해 미안해요. 뭘 줄까요?"

그리고 몇 번씩이나 미안하다고 사과를 하고, 우유만 받아들고 뛰어가는 이슬이를 따라가 거스름돈까지 살뜰하게 챙겨줍니다. 여기서 아주머니의 말을 "어머나, 애. 언제 왔니? 뭘 줄까?"라고 옮길 수도 있을 겁니다. 하지만 반말로 번역되든 높임말로 번역되든 그건 중요하지 않습니다. 아주머니의 태도에서 다섯 살 꼬마 아가씨에 대한 존중이 물씬 묻어나고 있으니까요. 몸을 굽혀 이슬이를 대하며 "알아보지 못해 미안해요"라고 사과하는 아주머니의 모습이 더없이 따스하게 느껴집니다.

『창가의 토토』, 『이슬이의 첫 심부름』은 귀를 기울이고 몸을 기울이고 나아가 마음을 기울이는 것이 경청이자 존중임을 잘 보여줍니다. 상대가 말을 하는데 다른 곳을 보고 다른 생각을 한다면 아무리 상대에게 높임말을 쓴들 그것은 무시이자 하대일 뿐입니다. 꼭 기억해주세요. 존댓말의 시작과 끝은 바로 경청입니다.


## 협상의 첫 단추를 끼우는 방법


"선생님, 진서가 자꾸 혼자서만 인형을 가지고 놀아요. 나는 안 줘요. 진서는 욕심쟁이예요!"

현우가 선생님께 큰 소리로 진서가 욕심쟁이라며 이릅니다.

"진서에게 나눠달라고 부탁은 해봤나요?"

"네, 근데 자꾸만 자꾸만 안 줘요."

"그래? 우리 현우가 그렇게 말했는데도 진서 혼자만 계속 놀고 있다는 거구나."

"네!"

현우의 눈빛은 기대감으로 가득 차오릅니다. 선생님이 진서를 나무라고 인형을 함께 가지고 놀게 해주실 거라 생각하고 있겠지요. 이제 자기도 멋진 집을 짓고 인형 놀이를 할 수 있게 될 거라고 말입니다. 선생님 말씀에 "싫어요!"라고 말하는 아이는 거의 없으니까요.

한 유치원 7세 반의 참관 수업. 유치원에서 흔히 벌어지는 갈등 상황입니다. 수업을 관찰하다 보니 선생님이 과연 어떻게 현우의 불만을 해결해줄지 자못 궁금했지요. 유아와의 상호 작용은 쉽지 않습니다. 누구나 잘 알고 있지만 공감하고 열린 질문을 하는 것이 실제로는 잘되지 않거든요. 시끌벅적 온갖 일들이 벌어지는 교실에서 아이 한 명 한 명에게 귀를 기울여 공감을 해주기란 여간 힘든 일이 아닙니다. 천 개의 눈과 귀를 가진 지혜로운 선생님일지라도 너도나도 도움을 요청하는 아이들 사이에 있다 보면 문제가 생겨도 충분히 대응하지 못할 때가 있기 마련입니다. 그렇다면 이 선생님은 어땠을까요?

"네가 말해봤니? 같이 놀자고 해봤어요?"

선생님은 먼저 자초지종을 물었습니다. 상황을 정확히 파악해야 문제 해결을 중재할 수 있으니까요. 어떤 아이들은 갈등이나 문제가 생기면 아무런 시도도 해보지 않은 채 선생님에게 쪼르르 달려가 해결을 요구하기도 합니다. 무작정 이르는 것이지요. 무조건 선생님한테만 의지하게 하는 것은 좋은 교육이 아닙니다. 스스로 해결책을 모색하도록 도와줘야 하지요. 사실 저는 선생님이 두 아이를 앉혀놓고 이야기를 나눌 것이라 생각했습니다. 그런데 이어진 광경은 제 예상과는 전혀 다르더군요. 선생님은 우선 현우를 의자에 앉히고 눈을 맞추며 이야기를 나누었습니다.

"현우가 인형을 가지고 놀고 싶었군요."

공감의 기본인 완벽한 '~구나(군요)' 화법이었습니다. '~구나' 화법은 제대로 사용하면 소기의 목표를 달성할 수 있습니다. 저는 현우의 반응이 궁금했습니다. 현우는 의자에서 공처럼 튀어오를 듯 흥분하며 얘기했습니다.

"네! 바로 그거예요. 제가 아까부터 기다렸거든요!"

현우는 다 큰 아이처럼 말하는 폼이 제법이었지요. 선생님이 미소를 지으며 화답했습니다.

"아까부터 열심히 기다렸는데 진서가 인형을 나눠주지 않아서 화가 났군요."

저는 이 장면에서 감탄하지 않을 수 없었습니다. 선생님은 현우에게 바짝 다가앉아 현우의 눈을 진지하게 바라보고 있었습니다.

마치 아이를 감싸 안을 듯 현우의 말에 귀를 기울이고 현우가 말하는 내용에 또박또박 반응해주었습니다. 실로 경청과 공감의 모범 답안을 보는 듯했지요. 선생님이 수용적인 자세로 고개를 끄덕이면서 공감하고 상황을 정리해주자 갑자기 현우가 의자에서 벌떡 일어섰습니다.

"선생님, 제가 진서에게 다시 말할까요?"

"뭐라고 말할 건데요?"

"다 놀고 난 다음 나한테 말해달라고 하면 되지 않을까요?"

선생님이 한 일이라곤 현우의 말을 듣고 이해한다는 마음을 표현한 것뿐인데 문제는 저절로 해결되었습니다.

이처럼 경청과 공감은 협상을 타결하는 데 큰 몫을 합니다. 물론 아이의 성격도 영향을 미치겠지만 그보다는 어른의 태도가 관건일 때가 많습니다. 어른의 태도, 표정과 눈빛이 아이와의 협상을 좌우합니다. 어른이 먼저 자신의 입장과 마음을 진정으로 알아준다고 생각하면 그 자체로 위로를 받거나 현우처럼 문제 해결 단계로 알아서 넘어가기도 합니다. 사사건건 선생님에게 친구를 이르는 고자질 대장이라도 경청과 공감을 통해 친구의 입장을 스스로 이해하려는 모습을 보이게 되지요.

아이들은 이성적인 판단보다는 감정적인 욕구가 앞섭니다. 그래서 부모님이나 선생님 등 어른들과 이야기를 나누고 진지한 대접을 받으면 그 자체로 안정감을 얻고 모든 문제를 다 해결했다는 안도감까지 느낍니다. 스스로 괜한 트집을 잡고 있다는 사실을 깨우치기도 하지요. 현우가 화를 누르고 한 발짝 물러선 이유도 선생님이 자신의 마음을 '알아주었다'는 데 있습니다. 아이든 어른이든 자신을 알아주는 사람에게 위로를 받으면 새로운 힘을 얻게 되거든요. 잔뜩 화난 얼굴로 선생님에게 뛰어와 씩씩대며 진서의 잘못을 이르던 현우의 분노를 단 몇 분 만에 누그러뜨리고 새로운 해결책을 찾도록 한 힘은 선생님의 경청과 공감에서 비롯되었습니다. 현우가 뛰어왔을 때 선생님은 당장 사건 현장으로 쫓아가지 않았습니다. 침착하게 아이를 의자에 앉히고 선생님도 마주 앉았지요.

"우리 의자에 앉을까요?"

이 말은 '현우야, 네 마음 이해해. 선생님에게 무슨 일인지 들려주렴'이라는 의미였습니다. 마주 앉는다는 것은 '네 말을 들을 준비가 됐다'는 뜻이니까요. 선생님은 존댓말은 물론이거니와 아이를 대하는 태도와 말투에서 진정한 존대를 보여주고 있었습니다.

자녀에 대한 존중을 주제로 한 많은 육아서에서 부모의 '청유형 화법'을 강조합니다. 더불어 아이의 생각을 반드시 물어보라고 합니다. 명령이나 강요, 강압이 아닌 존중의 언어를 사용해야 한다는 말과 함께요. 물론 모두 맞는 말입니다. 하지만 '엄마 말이 맞으니 무조건 엄마 말대로 해'라는 속뜻을 담았다면 제아무리 청유형의 형식을 갖췄더라도 그것은 이미 명령이요, 강압입니다. 의견을 묻는다고 해서 모두 열린 질문이 아닌 것처럼 말입니다. 중요한 것은 언제나 내용이지요.

"친구랑 사이좋게 나눠서 노는 게 좋겠지요? 어떻게 생각해요?"

형식은 열린 질문입니다. 그런데 이 안에는 이미 어른이 제시한 해결 방법이 들어 있습니다. 어른들은 자신도 모르는 사이에 아이들에게 특정 방법을 주입하고 지시합니다.

아이들 사이의 문제를 해결할 때는 흔히 대면을 통한 사실 확인이 이뤄집니다. A가 고자질한 B를 찾아 상황을 확인하는 식이지요. 하지만 이 방식에는 문제가 있습니다. 현우의 이야기에서 선생님이 현우의 말만 듣고 "진서에게 가보자"라고 했다면 경위를 파악하기 위한 것이라고 해도 이는 잘 놀고 있는 진서를 방해하는 행동이기 때문입니다. 현우의 말만 듣고 진서의 놀이를 중지시킨다면 진서의 입장에선 사실 부당한 일이지요. 우선 현우와 충분한 이야기를 나눈 선생님의 문제 해결 방식은 그래서 더 돋보입니다.

아이와 협상을 할 때는 아이 스스로 해결 방법을 찾아 먼저 말하게 하는 것이 효과적입니다. 아이나 어른이나 남이 시켜서 하는 일은 절반의 만족만을 가져올 뿐이거든요. 선택에 따른 결과를 책임진다는 평범한 이치가 아이들에게는 더 잘 통합니다. 아이들은 자기중심적 사고를 하기 때문이지요. 자신이 선택한 것을 남이 제시한 것보다 훨씬 크게 받아들입니다. 이럴 때 아이에게 잘 통하는 마법의 질문이 바로 "네 생각은 어때?"입니다. 생각 주머니를 활짝 열고 스스로 해결책을 생각해낼 때 아이는 기쁨을 느끼고 한 단계 더 성장합니다. 단, 세 살 미만의 유아에겐 두 가지 정도 가능한 답안을 주고 선택하도록 하는 것이 효과적입니다. 산책을 하러 나가는데 두 살배기 아이가 긴 부츠를 신겠다고 우긴다면 "긴 부츠는 불편할 것 같은데 네 생각은 어때?"라고 묻기보다는 편한 신발 두 켤레를 놓고 "어떤 신발이 더 마음에 드니?"라며 선택을 하게 해줍니다. 아이의 인지 발달과 언어 수준에 맞는 협상의 기술이 필요하니까요.

아이 수준에 맞는, 아이 욕구에 맞춘 협상. 이것이 바로 존중입니다. 21세기에는 협상력이 곧 성공의 힘이라고 하지요. 존중을 토대로 한 협상을 경험한 아이들이 많아졌으면 좋겠습니다. 이것이 바로 협상력을 자라게 하는 동력이니까요.

## 무엇이든 아이가 먼저다

6살 수훈이가 쌓기 영역에서 블록으로 계단처럼 보이는 모양을 만들고 있습니다. 교생 선생님이 수훈이에게 말을 겁니다.

"계단 모양을 만들었네요. 잘 만들었어요."

수훈이가 눈을 똥그랗게 뜨곤 고개를 흔듭니다.

"아니에요. 이건 계단이 아니라 하늘에서 천사가 내려와 우리한테 올 수 있는 길이에요."

수훈이의 대답에 교생 선생님은 다소 멋쩍은 표정으로 다시 묻습니다.

"아, 그렇군요. 천사가 오는 길이에요? 천사가 어떻게 이 길을 내려올까 궁금해요."

수훈이는 방긋 웃으며 대답합니다.

"날아서 사뿐사뿐 오다가 길에서 쉬기도 해요."

교생 선생님은 그날 교사 평가에서 '교사의 생각을 말하거나 판단하기 전에 유아에게 먼저 질문을 해야겠다는 귀중한 교훈을 얻었다'고 소감을 밝혔습니다.


또 다른 교생 선생님이 조형 영역에서 아이들이 그림 그리는 걸 도와주고 있습니다. 그때 역시 6살배기 재이가 다가옵니다. 이 교생 선생님은 아이들 사이에서 그림을 잘 그리기로 소문이 났지요.

"(어제 견학 다녀온 메이플 스토리 배지를 내밀며) 선생님 이것 좀 그려주세요."

"선생님이 이걸 그리려면 시간이 필요해요."

"선생님이 저보다 잘 그리잖아요."

교생 선생님이 재이의 그림을 그려주자 다른 친구들도 모여들어 너도나도 뭔가를 그려달라고 요청합니다.

"선생님, 저는 '라바' 그려주세요."

"선생님, 그림 진짜 잘 그려요. 저는 '토리코' 그려주세요."

"토리코가 뭐예요?"

"만화 토리코 몰라요?"

"선생님 저는 '딸기맛 쿠키' 그려주세요."

"딸기맛 쿠키는 뭐예요?"

"쿠키런에 나오는 쿠키요. 잘 보세요. 이렇게 생겼어요."

"아, 이제 선생님도 배웠어요. 가르쳐줘서 고마워요."

교생 선생님은 역시 교사 평가에서 '아이들이 좋아하는 만화와 게임, 아이들이 관심을 가지고 있는 것들에 대해 잘 알아야 상호 작용이 수월해질 것 같다'는 소감을 밝혔습니다.


두 교생 선생님의 이야기를 들으며 몇 년 전 일이 떠올랐습니다.

동료들과 '사랑은 마주 보는 것인가, 같은 곳을 바라보는 것인가'라는 화제로 대화를 나눈 적이 있습니다. 한때는 사랑을 마주보는 것이라 생각했지만 나이가 좀 들고 나니 사랑이란 같은 곳을 함께 바라보는 것이라는 데 대부분 동의했지요. 취미나 관심은 물론 바라보는 방향, 즉 이상이 같으면 다툴 일도 적고 사는 게 더 재미있을 테니까요. 하지만 부모와 자녀의 사랑만큼은 마주 보는 것이어야 합니다. 아이가 어떤 표정인지, 무엇을 원하는지 바라보고 또 바라봐야 합니다. 아니, 그저 바라보는 것만으로는 부족하지요. 아이가 무엇을 바라보는지, 무엇을 좋아하는지, 관심이 어디를 향해 있는지 등을 두루 꿰고 있어야 합니다. 부모는 아이에 대해 속속들이 알아야 합니다. 그래야 아이를 이해할 수 있고, 대화할 수 있으며, 좋은 관계를 유지할 수 있습니다.

아이를 사랑하기란 참 쉽고도 어렵습니다. 분명 사랑하지만 아이가 부모의 사랑을 충분히 느끼게 하기란 쉽지 않으니까요. 어른들끼리 서로 원하는 것이 다를 때는 대화로 의견을 조율할 수 있지만, 아이들은 무엇을 원하는지, 어떤 감정을 느끼는지 등을 제대로 표현하지 못할 때가 많습니다. 그래서 더 큰 관심이 필요하지요. 의외로 부모와 자식 간의 사랑이 부부간의 사랑보다 훨씬 어렵습니다. 연령대와 발달 수준 등 그야말로 세대가 다르기 때문입니다. 거듭 강조하지만 보다 신중한 관심이 필요합니다. 물론 아무리 관심을 가져도 아이를 100% 알 수는 없겠지요. 부모의 생각과 짐작이 언제나 맞는 것은 아니니까요.

부모나 교사들은 아이가 울 때 흔히 '~해서 슬프구나'라며 공감 화법을 사용합니다. 그런데 여기에도 함정이 있습니다. 알고 보면 아이는 꼭 슬퍼서 우는 것이 아닐 수도 있기 때문입니다. 일방적으로 아이의 기분을 속단하고 재단해 마음대로 감정 이름표를 붙이는 것은 결코 공감이라고 할 수 없습니다. 어긋난 공감보다는 차라리 부드럽게 "왜 울어? 왜 우는지 말해줄래?"라고 묻는 게 낫습니다. 물론 뉘앙스가 중요하겠지요. 따지거나 힐난하는 어조가 아닌 진심으로 상대의 마음을 이해하고 싶다는 뜻을 전해야 합니다. 사실 이유가 궁금할 때는 '왜?'처럼 확실한 물음이 없습니다.

혹시 앞서 등장한 교생 선생님처럼 아이가 쌓은 블록을 보고 "계단 모양을 만들었네요"라며 지레 속단하고 있진 않으신가요. 그나마 아이가 "아니에요. 이건 계단이 아니라 하늘에서 천사가 내려와 우리한테 올 수 있는 길이에요"라고 대답한 것은 교생 선생님에게 마음을 열었기 때문입니다. 만약 엄격한 부모나 교사였다면 아이는 대답을 피하거나 그냥 "네"라고 답했을지도 모릅니다. 속으로는 '치, 아무것도 모르면서' 또는 '역시 엄마는 내 맘을 하나도 몰라'라고 섭섭해 하면서 말이지요. 교생 선생님은 자신의 실수를 깨달았지만 대부분의 부모님들은 이를 '실수'라 생각하지도 않고 아무렇지도 않게 지나쳐버리곤 합니다.

진정한 존중은 앞서가지 않고 함께 가는 것입니다. 앞서 뛰어가는 사람은 뒷사람의 손을 잡아줄 수 없지요. 존중이란 지레짐작하거나 속단하지 않고 무심히 지나치거나 과잉 반응하지 않는 것입니다. 넘치지 않는 다정함이 존중입니다.

두 교생 선생님의 이야기는 존댓말과 관련된 유용한 지침을 다시금 새겨보게 합니다. 바로 아이를 존중하기, 아이의 결과물에 진심으로 관심을 표현하기, 아이의 생각에 힘을 실어주기가 그것이지요. 은연중에라도 "계단이나 길이나 그게 그거죠. 둘 다 걸을 수 있는 것이잖아요"라며 어른의 생각을 관철시키려 한다면 아무리 존댓말의 형식을 갖췄다 해도 이는 무시나 다름없습니다. 그렇기 때문에 토리코와 딸기맛 쿠키를 그려달라는 아이들에게 "선생님은 그런 거 잘 몰라요. 다른 거 그려줄게요"라며 무시하지 않고 아이들의 요청에 귀를 기울이고 반응을 보인 선생님의 태도도 주목할 만합니다. 아마 아이들은 존댓말과 함께 '존대맘', 즉 상대의 마음을 존중하는 태도도 함께 배웠을 겁니다.

아이가 무엇을 원하는지 잘 들어주는 것 이상으로 아이가 하고 싶은 말이 무엇인지 넘겨짚지 않고 질문하는 것, 그리고 기다려주는 것이 중요합니다. 아이들은 어른들이 생각하는 그 이상을 상상하고, 어른들의 눈에 비친 것 너머의 모습을 표현할 때가 많으니까요. 말을 물론 마음까지 통하는 부모와 자녀가 되려면 진심으로 물어봐주세요. 진심을 담은 질문은 아이에게 제대로 전해집니다. 또한 자녀가 무엇에 관심을 갖는지도 눈여겨 관찰해주세요. 그래서 부모님도 아이와 함께 그 대상에 깊이 빠져보세요. 이것이 바로 자녀를 존대하는 마음입니다. 부모가 자녀에게 존대맘을 가지면 자녀는 그 마음을 부모에게 존경심으로 돌려줄 겁니다. 사랑하는 내 아이에겐 지금 자기를 진짜 알아주는 사람이 필요합니다. 그것이 아이를 키우는 힘입니다. 꼭 존대맘을 가득 담아서 반짝거리는 눈으로 아이를 바라보며 물어봐주세요.

"우리 ○○(이)의 생각이 궁금해요."

"뭘 그린(만든) 걸까? 설명해줄 수 있어요?"

## 제대로 된 경청에서 진짜 존중이 나온다

"모모이는 모모해, 시끄여."

"멍멍이는 멍멍해서 시끄러워요?"

"어, 야오이는 야오야오해."

공원에서 엄마와 아기가 즐겁게 대화를 나누고 있습니다. 언뜻 들어선 우리말인지 외국어인지 모를 아기의 말을 엄마는 정확히 알아듣고 다정한 존댓말로 바꿔 에코익을 해줍니다.

아이가 두세 살 정도 되면 할 줄 아는 말이 기하급수적으로 늘어나는 언어 폭발기가 옵니다. '엄마 까까', '아빠 빠방' 등 두 단어로 세상과 소통했던 아이들이 지금까지 보지도 듣지도 못한 외계 문법까지 창조하며 업그레이드된 소통을 시도하지요.

공원에서 만난 엄마처럼 알아듣기 힘든 아이의 말에 귀를 기울이는 것이 바로 아이를 존중하고 존대하는 출발점입니다. 굳이 "멍멍이는 멍멍해서 시끄러워요?"라고 에코익 반응을 하지 않아도 괜찮습니다. 부드럽고 따뜻한 표정으로 아이의 말을 '알아들어주는 것'만으로도 충분하지요. 아이의 말을 알아들으려고 노력하고, 또 알아듣는 것이 존댓말의 기초 교육입니다.

아이가 자라서도 마찬가지입니다. 말도 안 되는 말, 엉뚱한 말, 앞뒤 없이 어깃장 놓는 말도 무시하지 않고 귀와 몸과 마음을 기울여야 합니다. 아이의 말, 그 말을 하게 된 마음을 알아듣고 이해해주는 부모가 되어야 합니다. 아이가 말을 배울 때 그 말을 알아듣고자 전심으로 노력한 것처럼 언제나 아이의 말에 귀를 크게 열고 집중하는 부모가 되어야 합니다. 그렇다고 무조건 아이 마음대로 해주라는 건 아닙니다. 언젠가 아이가 태어나서 두 살이 되도록 단 한 번도 반말을 해본 적이 없다는 한 아빠를 만난 적이 있습니다.

"아빠 시여. 때찌해여. 때찌."

"아빠가 싫어요? 때찌하고 싶어요? 때찌할까요?"

"때찌. 아빠 때찌."

"그럼 요기 때찌하세요."

아빠가 아이에게 뺨을 대줍니다. 아이가 아빠의 얼굴을 손으로 찰싹 때립니다. 아빠는 "아이고, 아야. 아파요. 우리 현준이가 이렇게 힘이 세졌어요"라고 뺨을 어루만지며 아파하는 시늉을 하면서 아들을 존댓말로 추켜세웁니다. 그 말에 아들은 더 신이 나서 아빠를 발로 찹니다. 아빠는 쓰러지는 척을 하고 아이는 의기양양 까르르 웃어 넘어갑니다.

이런 것은 경청도 존중도 아닙니다. 꼬마 독재자를 키우는 것이지요. 아빠에게 왜 아빠만 존댓말을 쓰냐고 물었더니 아직 아이에게 존댓말 습관을 가르칠 때가 아니라고 말하더군요. 각종 육아서를 섭렵했다는 이 아빠는 아빠로서 롤 모델이 되어주는 것을 중요하게 생각했습니다. 그러나 아이에게 높임말을 쓰고 아이가 무엇을 하든 하고 싶은 대로 내버려두는 것은 결코 존중이 아닙니다. 이 장면을 바람직한 대화로 바꿔보겠습니다.



이렇게 아이가 화난 이유를 알고 그 원인을 보듬어주는 것이 경청입니다. "아빠가 미워서 속상하구나"라고 먼저 마음을 읽어주고 문제를 같이 해결해나가는 것이지요.

"아빠가 저건 위험하니까 '만지면 안 돼!' 그런 거야."

아이가 어떤 마음을 가지게 된 원인을 정리해준 다음, 아무리 어리더라도 아이의 수준에 맞는 언어로 바른 길을 알려줘야 합니다. 아빠한테 화가 난 감정을 때리는 행동으로 표현하게 해서는 안 되지요. 아이가 하고 싶은 대로 잘못된 행동까지 하도록 내버려두는 것은 존중이 아니라 직무유기입니다.

아이를 키우면서 늘 좋은 상황만 만나고 달콤한 말만 하며 살

수는 없습니다. 하지만 부모가 평소 아이의 말을 경청하고 또 존중해왔다면 아이는 부모의 훈계를 '달게' 받아들일 수 있겠지요. 아무리 엄격한 목소리로 "안 돼!"라고 말해도 부모의 마음을 오해하는 대신 오히려 자신의 행동을 돌아보겠지요. 자신의 마음을 알아주고 또 이해해주는 사람의 훈계는 감정을 왜곡시키지 않고 있는 그대로 전해지니까요.

진심으로 들어준다는 것은 사람을 살리는 힘입니다. 부모로부터 진정한 경청을 경험하며 자란 아이는 평생 높은 자존감을 가지고 살 수 있습니다. 아이들은 무서운 사람의 말을 듣는 것 같아도 진정으로 듣진 않습니다. 하지만 좋아하는 사람의 말이라면 그 어떤 말이라도 듣지요. 아이를 키우는 방식에는 '정답'이 없다고들 합니다. 하지만 그 어떤 아이에게도 통하는, 모든 아이에게 적용되는 '현답'은 있습니다. 이 책의 처음이자 끝, 바로 '존중'입니다.

# 올바른 경청의 자세

**1. 귀를 기울여라.**

– 딴 곳을 쳐다보지 말고 아이를 봐주세요.

– "그래서?", "어떻게 됐어?", "그랬구나" 등의 말로 아이의 이야기를 격려해주세요.


**2. 몸을 기울여라.**

– 마주 앉아주세요. 앉는다는 행동 자체가 안정적인 느낌을 주고 동등한 인격체임을
표현합니다.

– 만약 길을 걷는 중이라면 최대한 몸을 숙여 아이에게 기울여주세요.


**3. 마음을 기울여라.**

– 공감하는 표정을 지으며 공감의 말로 마음을 표현해주세요. "속상하구나", "갖고
싶었군요", "엄마라도 그랬겠어" 등으로 맞장구를 쳐주세요.


**4. 귀, 몸, 마음을 모두 기울였다는 표현을 하라.**

– 고개를 끄덕이며 손을 잡아주세요. 그리고 따뜻하게 안아주세요.

## 문제 해결 협상 7단계

### 1단계 경청

– 의자에 마주 앉아주세요.

– 아이를 내려다보지 말고 눈높이를 맞춰주세요. 눈을 맞춰야 마음도 맞춰집니다.

### 2단계 공감

– 고개를 끄덕여주세요.

– 마음으로 공감하고 공감을 표현하는 몸짓을 아끼지 마세요. 고개를 끄덕이며 "그

랬구나"라고 말해주세요.

### 3단계 이해

– 상대를 이해하도록 도와주세요.

– 상황을 정확히 정리하고 상대가 왜 그런 행동을 했는지 생각할 시간을 주세요.

"○○이도 □□처럼 레고를 좋아하는군요" 등의 말로 상대의 입장에 서보도록 도와

주세요.

### 4단계 문제 해결

– "어떻게 하면 좋을까요?"라고 물어보세요.

- 미소로 아이에게 안정감을 준 후 아이의 생각을 물어 스스로 문제 해결책을 생각

  하게끔 유도해주세요.

### 5단계 해결 방법 재확인

- 아이의 해결 방법을 어른의 말로 들려주세요.

- "그럼 친구에게 가서 다시 말해보겠다는 말이지요?" 등으로 해결 방법을 인지시켜

  주세요.

### 6단계 확인

- 문제가 잘 해결됐는지 살펴보세요.

- "어떻게 됐는지 궁금해요. 문제가 잘 해결되었나요?"라고 물어봐주세요.

### 7단계 격려

- 문제 해결을 통해 얻은 느낌을 확인하고 격려해주세요.

- "○○이가 생각한 방법대로 하니까 어땠어요?", "친구의 기분이 어떤 것 같아요?",

  "그렇군요. 서로 의논하니까 훨씬 좋은 방법이 생겼네요. 정말 기뻐요" 등의 말을

  해주세요.

# 부모님 말부터 개선하세요

**사연 ②**

## 시댁에만 가면 돌변하는 아이, 어떻게 해야 할까요?

"아이가 할머니 앞에서 꼭 저를 무시하는 행동을 해요. 이제 일곱 살인데 저랑 단둘이 있을 때는 꼬박꼬박 존댓말을 쓰면서 말을 잘 들어요. 그런데 시댁에만 가면 '엄마 바보, 엄마 메롱'하며 혀를 내미는데 어찌나 민망하고 화가 나는지 모르겠어요."

사실 이 가정은 부부 사이가 좋지 않았습니다. 술고래인 남편은 새벽 서너 시에 귀가하는 게 보통이었지요. 한때 술을 줄이고 밤 11시 이전에 귀가하겠다는 각서를 받기도 했지만 딱 그때일 뿐 술버릇은 조금도 나아지지 않았습니다.

남편은 약속을 지키라는 아내의 요구를 잔소리로 치부했습니다. '곧 들어갈게'의 '곧'은 말한 시점으로부터 네다섯 시간이 지난 새벽이었고, '다음부턴 덜 마실게'의 '다음'은 결코 오지 않았습니다. 그러는 동안 부부간의 다툼은 점점 심해졌습니다. 엄마와 아빠가 한바탕 싸우고 나면 아이는 엄마 품을 파고들며 울곤 했지요. 그런데 어느 날인가부터 아이에게 이상한 습관이 생겼습니다. 할머니 댁에만 가면 '엄마 바보, 엄마 울보'라며 엄마를 놀리고, '할머니, 엄마랑 아빠가 싸웠다'고 말하며 엄마의 우는 모습까지 흉내를 내는 것이었습니다.

"너 할머니한테 왜 반말이니? 엄마가 어떻게 하라고 그랬어?"

"할머니 할아버지, 엄마 막 울었다요. 아빠가 소리 질렀다요. 엄마 울보다요."

시어머니는 혀를 쯧쯧 차며 말했습니다.

"얘, 지금 애 존댓말 교육이 문제가 아닌 것 같다. 니들은 왜 걸핏하면 애 앞에서 싸우는 거냐? 그게 얼마나 애한테 나쁜데……. 배울 만큼 배운 애가 도대체 애 교육에 신경을 쓰기는 하는 거냐?"

관계가 식어버린 부부 사이, 시댁에만 가면 돌변하는 아이……. 엄마는 시댁에서 점점 인정받지 못하는 며느리가 되었습니다. 집에 돌아오면 아이를 쥐 잡듯 혼냈고, 아이는 다시 순종적인 아들로 돌아갔습니다. 그런 아이를 보며 엄마는 죄책감을 느낀다고 합니다.

# 부모님부터
# 서로 존중하는 말을 나누세요

부모를 존경하는 아이는 스스로도 행복합니다. 부모를 존경하는 아이는 표정이 만족스럽고 부드럽지요. 어린아이가 부모를 존경하지 않는다는 것은 부모를 좋아하지 않는다는 뜻이기도 합니다. 그러면 부모에 대한 존경은 어디에서 올까요? 부모의 사회적 지위? 경제적 능력? 학력? 어느 것도 아이의 존경을 좌우하지 않습니다. 세상의 이치를 다 알지 못하는 아이에게 사회적 잣대는 의미가 없습니다. 그럼 무엇일까요? 바로 '아이 눈에 비친 엄마 아빠의 사이'입니다.

"당신이 하는 일이 그렇지 뭐."

아빠를 무시하는 엄마의 짧은 말이 아빠에 대한 존경심을 와르르 무너뜨립니다.

"넌 왜 입만 열면 잔소리냐?"

엄마의 걱정을 잔소리로 낙인찍는 아빠의 한마디가 엄마에 대한 존경심을 뿌리째 뒤흔들어놓습니다.

"내가 잔소리 안 하게 됐어? 한 번 말해서 들어먹어야지. 애나 어른이나 똑같아!"

난데없이 아이까지 비난하는 엄마의 일격에 아이는 혼란을 겪습니다. 부모는 이해하지 못할 사람으로 비춰지지요. 심지어 엄마와 아빠가 무서워지기까지 합니다. 날이 선 말투가 무섭고 아빠가 엄마를 때리는 건 아닌지 공포가 엄습합니다. 아빠는 보고 있던 TV를 끄더니 무릎에 앉아 있던 아이를 휙 밀어냅니다.

"저리 떨어져 인마. 더운데 왜 찰싹 달라붙어 있고 그래?"

아빠가 리모컨을 집어 던지고 안방으로 들어가버립니다. 아이는 어쩔 줄 몰라 합니다.

"에이, 아빠랑 TV 봐서 좋았는데. 엄마 미워!"

이렇게 말할 정도면 그래도 상처를 덜 받는 아이입니다. 기질이 강한 아이는 말로 풀기라도 하지만 심약한 아이는 눈치꾸러기가 되어 이러지도 저러지도 못한 채 전전긍긍하거든요. 죄책감에 휘말리기도 하고요. 어릴 때는 부모의 싸움이 자신으로 인해 일어난다고 생각합니다. 아이에겐 부모가 세상의 중심이기 때문이지요.

이 가정의 문제는 아이가 변한다고 해결되지 않습니다. 부부 관계 개선이 가장 먼저입니다. 부부간의 불화는 아이에게 엄청난 충격과 공포를 줄 뿐만 아니라 정서 불안까지 초래합니다. 부부 사이에 문제가 있다면 허심탄회하고 진솔하게 대화를 나눠보세요. 관계를 개선해보자고 합의했다면 진정 부단한 노력이 필요합니다. 부부간의 신뢰가 모순을 보일 경우 아이는 큰 혼란을 겪게 됩니다. 혼란을 주는 부모를 존경하기란 어렵겠지요. 서로 존중하며 안정된 관계를 보여주는 부모라야 아이의 존경을 받을 수 있습니다. 그리고 아이도 건강하게 자랍니다. 부부의 말에 존중을 담으면 아이의 마음에는 존경이 담깁니다. 부모를 존경하는 아이한테서 나오는 말의 형식이 반말인지 존댓말인지는 중요하지 않습니다. 존경하는 부모를 향한 아이의 말에는 공손함과 예절이 깃들어 있기 마련이니까요.

부모와 자녀 사이든 부부 사이든 모든 것을 '내 탓이오' 하는 자책감도 해답은 아닙니다. 그보다는 서로의 다름을 인정하는 것이 중요합니다. '서로 틀림'이 아니라 '서로 다름'입니다. 인정하고 노력해야 존경 받는 부모가 될 수 있습니다. 그것을 가장 잘 나타나는 것이 바로 '말'입니다. 존경 받는 부모가 되려면 아이를 비난하지 않아야 하고, 부부가 서로 비난하지 않아야 합니다. 그 핵심은 아이를 존중하는 부모의 말이고, 서로를 존중하는 부부의 말입니다. '존중의 말'이야말로 화목한 가족 관계의 처음과 끝입니다.

아이의 말,

그 말을 하게 된 마음을

알아듣고 이해해주는 부모가 되어주세요.

아이가 처음으로 말을 배울 때

그 말을 알아듣고자 진심으로 노력한 것처럼

언제나 아이의 말에 귀를 크게 열고

집중하는 부모가 되어주세요.

아이의 뇌를 깨우는
# 존댓말의 힘

초판 1쇄 발행 2016년 1월 8일  초판 2쇄 발행 2016년 2월 12일

지은이 임영주
펴낸이 연준혁

출판 1분사
편집장 한수미
책임편집 최유진  디자인 조은덕
기획분사 배민수

펴낸곳 (주)위즈덤하우스  출판등록 2000년 5월 23일 제13-1071호
주소 경기도 고양시 일산동구 정발산로 43-20 센트럴프라자 6층
전화 031)936-4000  팩스 031)903-3893  홈페이지 www.wisdomhouse.co.kr

값 12,000원  ⓒ임영주, 2016
ISBN 979-11-86117-40-8  13590

* 잘못된 책은 바꿔드립니다.
* 이 책의 전부 또는 일부 내용을 재사용하려면 반드시
  사전에 저작권자와 (주)위즈덤하우스의 동의를 받아야 합니다.

국립중앙도서관 출판시도서목록(CIP)

아이의 뇌를 깨우는 존댓말의 힘 / 지은이: 임영주. ─ 고양
: 위즈덤하우스, 2016
  p. ;  cm

ISBN 979-11-86117-40-8 13590 : ₩12000

자녀 교육[子女敎育]
높임말

598.5-KDC6
649.6-DDC23          CIP2015034329